职业教育+新形态活页式规划教材
高等职业教育装备制造类专业系列教材

机床结构认知与实践

JICHUANG JIEGOU RENZHI YU SHIJIAN

主编 张 华 田浩荣

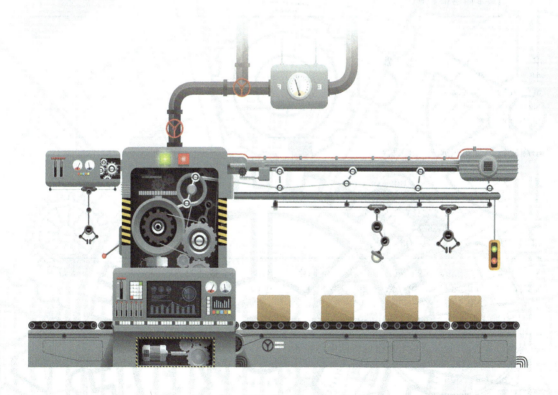

西安交通大学出版社
国家一级出版社
全国百佳图书出版单位

内容简介

本书采用新型活页式教材，以几种典型的金属切削机床结构拆装为载体，从机床结构入手，分析其工作原理、传动系统，并进一步研究其调整及维护保养，最终将各个环节知识综合应用于机床结构认知和机床结构拆装的教学任务中。本书最大的特点是可扫二维码观看动画，图文并茂，立体直观，易学易会，实用性强。

本书分为普通车床、普通铣床、磨床、数控车床、数控铣床、加工中心、特种加工机床的认知与实践及机床安装与调试等8个典型的教学项目，每个教学项目下设若干教学任务，每个教学任务又分设多个步骤，将知识全部单元化、碎片化。内容包含知识链接、任务目标、实践要领、故障排除、小试牛刀、做一做、想一想、匠心筑梦、"1+X"技能证书职业标准等板块。本书把课程思政贯穿在整个教学任务当中，体现立德树人的根本宗旨。

本书可作为高等职业院校机械制造类专业及其相近专业教学用书，也可作为企业技术人员的参考资料。

图书在版编目(CIP)数据

机床结构认知与实践 / 张华，田浩荣主编. —西安：
西安交通大学出版社，2021.11
ISBN 978-7-5693-2381-8

Ⅰ.①机⋯ Ⅱ.①张⋯ ②田⋯ Ⅲ.①数控机床-结构 Ⅳ.①TG659

中国版本图书馆 CIP 数据核字(2021)第 235197 号

书　名	机床结构认知与实践
主　编	张　华　田浩荣
策划编辑	杨　璠
责任编辑	杨　璠　张明玥
责任校对	李　文
出版发行	西安交通大学出版社
	(西安市兴庆南路1号　邮政编码 710048)
网　址	http://www.xjtupress.com
电　话	(029)82668357　82667874(市场营销中心)
	(029)82668315(总编办)
传　真	(029)82668280
印　刷	西安五星印刷有限公司
开　本	787 mm×1092 mm　1/16　印张 13.875　字数 291千字
版次印次	2021年11月第1版　2021年11月第1次印刷
书　号	ISBN 978-7-5693-2381-8
定　价	48.60元

如发现印装质量问题，请与本社市场营销中心联系。
订购热线：(029)82665248　(029)82667874
投稿热线：(029)82668502
读者信箱：phoe@qq.com

版权所有　侵权必究

前言

随着《国家职业教育改革实施方案》和"三教"改革方案的实施,国家对于职业教育教学改革提出明确要求:职业院校应坚持知行合一、工学结合。明确提出:建设一大批校企"双元"合作开发的国家规划教材,倡导使用新型活页式、工作手册式教材并配套开发信息化资源。每三年修订一次教材,专业教材随信息技术发展和产业升级情况及时动态更新。鼓励职业院校与行业企业探索"双主编制",及时吸收行业发展新知识、新技术、新工艺、新流程、新规范的课程教学内容和教学标准,校企合作编写和开发符合生产实际和行业最新趋势的教材。在此背景下,我们编写了这本新型活页式教材,以适应当代职业教育的发展。

本书为机械类专业"金属切削机床"课程的基本教材之一,是参照机械类规划教材的总体要求,结合近几年高职院校人才培养目标,为适应企业对毕业生知识和能力要求,深入企业实际考察,并在总结教学实践经验和学生反馈意见的基础上编写而成的新型活页式教材。

目前高职院校选用的"金属切削机床"教材内容大多包括机床概论和机床结构两大部分。本书从培养技术技能型人才目标着手,本着"淡化理论、适度够用、培养技能、重在应用"原则,经过对多家大中型企业机械加工类岗位的调研,同时为了提高学生动手能力,加强学生对机床结构的了解,提高学生在机床使用过程中对机床的维修和保养能力,本书增加了应用性内容,如机床拆装调试、机床保养和维修等。这样调整以后,既强化了学生拆装、维修、调试机床的能力,又有利于学生对机床的操作和维护,加强了实践性、应用性内容的学习,扩展了知识面,提高了学生的动手能力和综合素质。

本书分为普通车床、普通铣床、磨床、数控车床、数控铣床、加工中心、特种加工机床的认知与实践及机床安装与调试等8个典型的教学项目,每个教学项目下设若干教学任务,每个教学任务又分设多个步骤,将知识全部单元化、碎片化。内容包含知识链接、任务目标、实践要领、故障排除、小试牛刀、做一做、想一想、匠心筑梦、"1+X"技能证书职业标准等板块。本书把课程思政贯穿在整个教学任务当中,体现立德树人的根本宗旨。对于每种机床,本书先从理论认知角度讲解典型机床的机械结构,为后面的实践打下基础;然后是机床拆装和结构认知等实践训练;最后在拓展知识中讲解机床维护保养和故障排除等知识点,既拓宽了学生的知识面,丰富了课堂教学内容,又增强了学生设备维修方面的专业技能。

本书由宝鸡职业技术学院张华、宝鸡机床集团有限公司国家级技能大师田浩荣主编,宝鸡职业技术学院王核心、宝鸡机床集团有限公司省级技能大师李晓佳主审,宝鸡职业技术学院程培宝、段团和、苏亚辉、赵斌参与了部分内容的编写工作。其中,张华负责项目一、项目二的编写,王核心负责项目五的编写,程培宝负责项目三的编写,段团和负责项目四的编写,苏亚辉负责项目六的编写,焦亮负责项目八的编写,赵斌负责项目七的编写及动画制作。田浩荣、李晓佳二位技能大师提供了典型工作任务和教学案例。张华负责全书的统稿和定稿工作。

  本书在编写过程中,得到了有关院校老师和工厂技术人员的鼎力支持,并对教材体系及内容提出了很多宝贵意见,在此表示衷心的感谢!本书在编写过程中还借鉴了同类书籍的长处、精华,以及部分网络资源,谨在此表示真诚的感谢!

  由于首次编写新型活页式教材,加之时间比较仓促,且编者水平有限,书中难免有疏漏和不足,殷切希望使用本书的师生和读者批评指正,以便进一步改进。若读者在使用本书的过程中有问题和建议,恳请向编者(1134089679@qq.com)提出。

编 者
2021 年 9 月

目录

项目一　车床的认知与实践 ························· 1

　　任务一　主轴箱拆卸 ····························· 1

　　任务二　进给箱拆卸 ···························· 19

　　任务三　溜板箱拆卸 ···························· 26

　　任务四　刀架拆卸 ······························ 35

　　任务五　车床尾座拆卸 ·························· 41

项目二　铣床的认知与实践 ························ 49

　　任务一　主轴变速箱拆卸 ························ 49

　　任务二　孔盘变速操纵机构拆卸 ·················· 54

　　任务三　工作台及顺铣机构拆卸 ·················· 57

　　任务四　工作台的进给操控机构拆卸 ·············· 62

　　任务五　万能分度头应用 ························ 66

项目三　磨床的认知与实践 ························ 75

　　任务一　砂轮架及内磨装置维护 ·················· 75

　　任务二　头架的维护与保养 ······················ 79

　　任务三　横向进给操纵机构维护 ·················· 82

项目四　数控车床认知与实践 ······················ 91

　　任务一　主轴传动机构拆装 ······················ 91

　　任务二　进给传动机构拆装 ······················ 95

　　任务三　刀架拆装 ······························ 99

　　任务四　机床导轨维护 ························· 107

项目五　数控铣床认知与实践 ………………………………………………… 119

　　任务一　主轴部件机构维修 ………………………………………………… 119
　　任务二　主轴准停装置拆装 ………………………………………………… 122
　　任务三　联轴器松动的调整 ………………………………………………… 126
　　任务四　拆装 Z 轴进给系统 ………………………………………………… 128

项目六　加工中心认知与实践 ……………………………………………… 135

　　任务一　主轴部件拆装与维修 ……………………………………………… 135
　　任务二　刀库拆装与维修 …………………………………………………… 141
　　任务三　自动换刀装置拆装 ………………………………………………… 146
　　任务四　回转工作台拆装 …………………………………………………… 156
　　任务五　滚珠丝杠螺母副拆装与维修 ……………………………………… 161

项目七　特种加工机床认知与实践 ………………………………………… 173

　　任务一　数控线切割机床拆卸与维修 ……………………………………… 173
　　任务二　电火花成型加工机床拆卸 ………………………………………… 179

项目八　机床装调与维护 …………………………………………………… 191

　　任务一　普通机床安装 ……………………………………………………… 191
　　任务二　车床的试车和验收 ………………………………………………… 198
　　任务三　车床典型故障诊断与维修 ………………………………………… 200
　　任务四　数控机床维护 ……………………………………………………… 203

参考文献 …………………………………………………………………………… 215

项目一 车床的认知与实践

任务一 主轴箱拆卸

步骤1 卸荷带轮拆装

知识链接

卸荷带轮

卸荷带轮如图1-1-1和图1-1-2所示。电动机经V形皮带将运动传至轴Ⅰ左端的带轮1,带轮1与花键套2用螺钉连接成一体,支承在法兰3内的两个深沟球轴承上。法兰3固定在主轴箱体4上,这样带轮1可通过花键套2带动轴Ⅰ旋转,V形皮带拉力则经轴承和法兰3传至箱体4。

※功用:

(1)传递转矩:带轮→螺钉→花键套2→Ⅰ轴(820 r/min)。

(2)卸掉轴端弯矩,支反力由左、右轴承传给法兰3,至箱体4,减少轴的弯曲变形,提高了传动平稳性。

图1-1-1 卸荷带轮

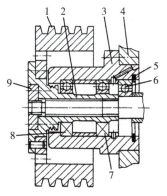

1—带轮;2—花键套;3—法兰;4—箱体;
5—孔用挡圈;6,7,8—轴承;9—螺母。

图1-1-2 卸荷带轮的结构

技术要求

(1) 紧固滑轨螺丝时注意调整滑轨与滑座的位置。

(2) 如用顶丝达不到"四点一线",则可调整滑轨或电动机位置。

(3) 检查皮带松紧度时,双手重叠向下压皮带 2~3 次,压下 1~2 cm 为合格。

(4) 换皮带时要先松电动机滑轨顶丝,后松电动机滑轨固定螺丝。

(5) 若"四点一线"合格,只是皮带松,则用顶丝调节皮带松紧度;若"四点一线"不合格,即皮带轮不在同一平面,则需调整电动机左右位置。

拆装要领

(1) 检查刹车装置,保证灵活好用。

(2) 停车,刹车,将车头停在接近上死点且便于操作的位置,切断电源,锁死刹车锁块。

(3) 摘下皮带护罩,松开电动机滑轨顶丝和固定螺丝,用撬杠向前移动电动机,使皮带松弛。

(4) 摘下旧皮带,换上新皮带。

(5) 用撬杠向后移动电动机滑轨到合适位置,然后用撬杠调整电动机左右位置。

(6) 用撬杠调整电动机滑轨或电动机位置,使电动机皮带轮与输入轴皮带轮成"四点一线"。

(7) 用顶丝调整皮带松紧度,使皮带松紧度合适,上紧顶丝,给顶丝涂上黄油,测量皮带松紧度及两皮带轮的"四点一线"。

(8) 用活动扳手对角上紧电动机滑轨固定螺丝,装皮带护罩。

(9) 取出刹车锁块,检查抽油机周围有无障碍,送电,松刹车,启动抽油机,观察皮带有无摆动现象。

(10) 收拾工具,清理现场。

想一想

1. 为什么要使用卸荷带轮?

2. 卸荷带轮与普通带轮的区别是什么?

步骤 2　卡盘拆装

知识链接

主轴和卡盘的连接

CA6140 卧式车床主轴的前端为短锥和法兰（图 1-1-3），用于安装卡盘或拨盘（图 1-1-4）。拨盘或卡盘座 4 由主轴 3 的短圆锥面定位。

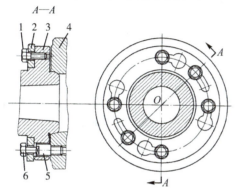

1—螺钉；2—锁紧盘；3—主轴；4—卡盘座；
5—双头螺柱；6—螺母。

图 1-1-3　卡盘与拨盘的链接

扫描二维码
观看三爪卡盘

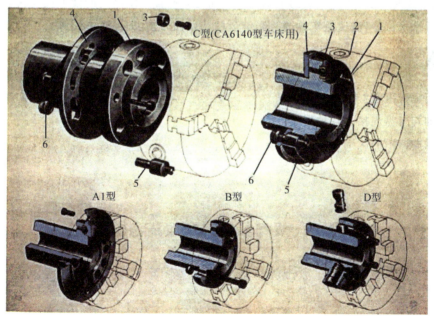

1—主轴；2—卡盘；3—传动键；4—转垫；5—插销螺栓；6—螺母；
A1，B，D—法兰式主轴端部与附件的连接方式的不同形式。

图 1-1-4　卡盘或拨盘的安装

拆装目标

知识目标:了解自定心卡盘(三爪卡盘)的规格、结构及其作用。
技能目标:能掌握自定心卡盘零部件的装拆,懂得装卸时的安全知识。
素质目标:通过卡盘的拆装清理,同学之间相互学习,培养学生的团队协作精神。

拆装要领

1.拆自定心卡盘零部件的步骤和方法

(1)松去三个定位螺钉,取出三个小锥齿轮。

(2)松去三个紧固螺钉,取出防尘盖板和带有平面螺纹的大锥齿轮。

2.装三个卡爪的方法

装卡盘时,用卡盘扳手的方榫插入小锥齿轮的方孔中旋转,带动大锥齿轮的平面螺纹转动。当平面螺纹的螺口转到将要接近壳体槽时,将1号卡爪装入壳体槽内。其余两个卡爪按2号、3号顺序装入,装的方法与前文相同。

3.卡盘在主轴上装卸练习

(1)装卡盘时,首先将连接部分擦净,加油,确保卡盘安装的准确性。

(2)卡盘旋上主轴后,应使卡盘法兰的平面和主轴平面贴紧。

(3)卸卡盘时,在操作者对面的卡爪与导轨面之间放置一定高度的硬木块或软金属,然后将卡爪转至近水平位置,慢速倒车冲撞。当卡盘松动后,必须立即停车,然后用双手把卡盘旋下。

想一想

1.如何更换卡盘?
2.主轴与卡盘连接有几种形式?
3.三爪与四爪的区别是什么?

步骤3 双向多片式摩擦离合器拆装

双向多片式摩擦离合器

离合器功用:接通或断开主轴的运动,改变主轴的旋转方向,并且能起到过载保护的作用。

双向多片式摩擦离合器如图1-1-5和图1-1-6所示。离合器由结构相同、摩擦片数量不等的左右两部分组成,左离合器推动主轴正转,用于切削,需传动的扭矩较大,所用摩擦片数较多(外摩擦片8片,内摩擦片9片);右离合器传动主轴反转,主要用于退刀,所需扭矩较小,故摩擦片数较少(外摩擦片4片,内摩擦片5片)。

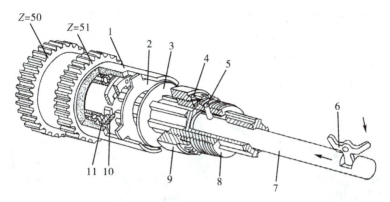

1—双联齿轮;2—外摩擦片;3—内摩擦片;4—弹簧销;5—穿销;
6—元宝杠杆;7—拉杆;8—滑套;9—螺母;10,11—止推环。

图1-1-5 双向多片式摩擦离合器立体图

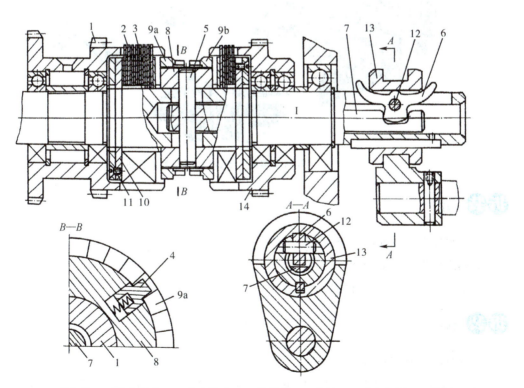

1—双联齿轮;2—外摩擦片;3—内摩擦片;4—弹簧销;5—穿销;6—元宝杠杆;7—拉杆;
8—滑套;9a,9b—螺母;10,11—止推环;12—转销;13—压套;14—右齿轮。

图1-1-6 双向多片式摩擦离合器结构

摩擦片式离合器常见的故障：
① 加工时主轴转速减慢甚至停转。
② 主轴处于停止状态时仍会慢速转动。
③ 摩擦离合器发热。

因此，在调整时，应保证滑套处于中间位置，左、右两组离合器完全脱开，可通过检查两组摩擦片松动的程度和手动扳转三爪卡盘来转动轴Ⅰ进行验证。摩擦片式离合器接合时要保证传递所需动力。当摩擦片打滑或压紧力调得太大，以致脱开离合器后仍有摩擦现象时均会使之发热，调整过程常采用试车的方法来检查调整是否到位。

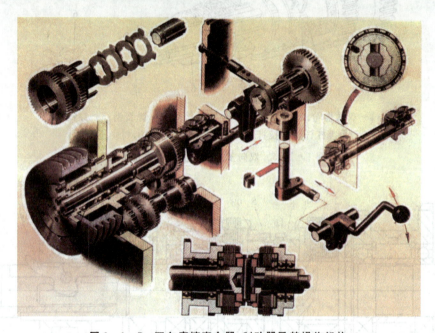

图 1-1-7 双向摩擦离合器、制动器及其操作机构

拆装目标

(1) 掌握摩擦离合器的调整方法。
(2) 熟悉摩擦离合器结构。
(3) 掌握车床主轴箱Ⅰ轴的拆装步骤。

拆装要领

第一阶段：拆卸主轴箱。

① 拆下主电机三角皮带；② 卸下皮带轮；③ 拆下端盖板；④ 拆下Ⅳ轴及其齿轮、轴承；⑤ 拆下Ⅱ轴及其齿轮、轴承；⑥ 松开Ⅰ轴上的正转摩擦片，拆下Ⅰ轴轴承座，拉出Ⅰ轴；⑦ 卸下Ⅰ轴上的所有零件；⑧ 按相反的次序装配。

第二阶段:清洗检查。
①清洗零件;②检查主要零件磨损情况,进行修复或更换,特别是滚动轴承与摩擦片。
第三阶段:Ⅰ轴组件装配。
①按组件进行试装配;②安装拉杆与花键螺套;③安装调节螺母与弹簧跳销;④安装反转摩擦片,先内再外,再内;⑤安装2片花键定位挡板,拧紧平基螺钉;⑥安装反转齿轮轴承组件;⑦装上长轴套,敲入滚动轴承,装上弹簧挡圈;⑧安装棱形销,敲入8 mm圆柱销,销不能高出外圆;⑨安装反转摩擦片,先内后外,最后内;⑩安装2片定位挡板,拧紧平基螺钉;⑪安装正转齿轮轴承组件;⑫装上短轴套。

想一想

1. CA6140型车床主轴箱内的双向多片式摩擦离合器_____作用。
   A. 只起开停　　　B. 只起换向　　　C. 起开停和换向
2. Ⅰ轴上共有多少个零件?

步骤4　制动器操控机构拆装与维修

知识链接

制动操控机构

1. 制动装置

制动装置的功用是在车床停止运转过程中克服主轴箱中各运动件的惯性,使主轴迅速停止转动,以缩短辅助时间。图1-1-8所示为CA6140型车床上采用的闸带式制动器,它由制动轮7、制动带6和杠杆4组成。

制动装置中,制动带的松紧程度要适当;要求停车时,主轴迅速制动;开车时,制动盘应完全松开。制动带的拉紧程度可用调节螺钉5进行调节。

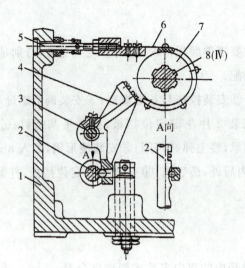

1—箱体；2—齿条轴；3—杠杆支承轴；4—杠杆；5—调节螺钉；6—制动带；7—制动轮；8—传动轴。

图 1-1-8 闸带式制动器

2. 主轴开停、换向、制动操控装置

如图 1-1-9 所示为 CA6140 型车床控制主轴开停、换向和制动的操控机构。当向上扳动手柄 21 时，通过轴 20、曲柄 19 使扇形齿轮 18 顺时针方向转动，传动齿条轴 17 及固定在其左端的拨叉 24 右移，拨叉 24 带动滑套 10 右移，使双向多片式离合器的左离合器接合，主轴正转启动，与此同时，制动器的杠杆 14 下端与齿条轴 17 上的凹部接触，制动器处在松开状态。相反，当向下扳动手柄时，双向多片式摩擦离合器右离合器接合，主轴反转，制动器也处在松开状态。当手柄处在中间位置时，齿条轴和滑套也都处在中间位置，双向多片式摩擦离合器的左、右两组离合器都断开，主轴与动力源断开，与此同时，齿条轴的凸起部分压制着制动器杠杆的下端，将制动带 15 拉紧，导致主轴制动。

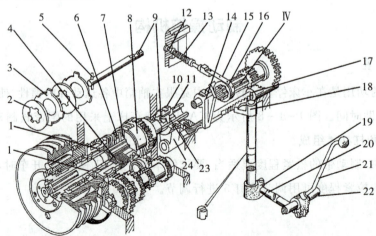

1，8—齿轮；2—内摩擦片；3—外摩擦片；4—止推片；5，23—销；6—调节螺母；7—压块；9—拉杆；
10—滑套；11—元宝杠杆；12—调节螺钉；13—弹簧；14—制动杠杆；15—制动带；16—制动盘；
17—齿条轴；18—扇形齿轮；19—曲柄；20，22—轴；21—手柄；24—拨叉。

图 1-1-9 主轴开停、换向和制动的操控机构

目标

知识目标:了解制动器操控机构的规格、结构及其作用。

技能目标:能掌握制动器操控机构的装拆,懂得装卸时的安全知识。

素质目标:通过制动器操控机构的拆装清理,同学之间相互学习,培养学生的团队协作精神。

排除

发生闷车现象。

(1)故障原因分析:主轴在切削负荷较大时,出现了转速明显低于标牌转速或者自动停车现象。故障产生的常见原因是主轴箱中的摩擦离合器的摩擦片间隙调整过大,或者摩擦片、摆杆、滑环等零件磨损严重。

(2)故障排除与检修:首先应检查并调整电动机传动带的松紧程度,然后再调整摩擦离合器的摩擦片间隙。如果还不能解决问题,应检查相关件的磨损情况,如内、外摩擦片,摆杆,滑环等件的工作表面是否产生严重磨损。发现问题,应及时进行修理或更换。

1. 制动带的松紧如何调整?
2. 手柄操作应注意的事项有哪些?

步骤 5　变速操纵机构拆装与维修

变速操纵机构

主轴箱中有 7 只滑移齿轮,归由三套机构加以操控。

图 1-1-10 所示为主轴箱中一种单手柄 6 变速操控机构。它用一个手柄同时操纵轴Ⅱ、轴Ⅲ上的双联滑移齿轮和三联滑移齿轮,变换轴Ⅰ~Ⅲ间的 6 种机床传动比。转动手柄通过链条可传动装在轴 4 上的曲柄 2 和盘状凸轮 3 转动,手柄轴和轴 4 的机床传动比为 1∶1。曲柄 2 上装有拨销,其伸出端上套有滚子,嵌入拨叉 1 的长槽中。曲柄带着拨销做偏心运动时,可带动

拨叉拨动轴Ⅲ上的三联滑移齿轮沿轴Ⅲ左右移换位置。盘状凸轮3的端面上有一条封闭的曲线槽,它由半径不同的两段圆弧和过渡直线组成,每段圆弧的中心角稍大于120°。凸轮曲线槽经圆柱销通过杠杆5和拨叉,可拨动轴Ⅱ上的双联滑移齿轮移换位置。

三联滑移齿轮和双联滑移齿轮轴向位置的组合情况见表1-1-1。

车床二三轴滑动齿轮

(a)

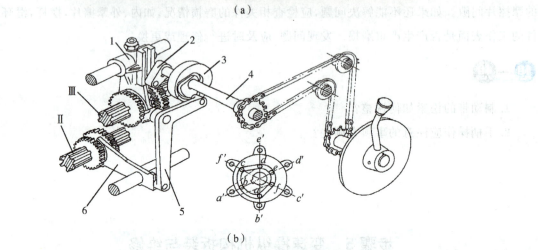

(b)

(b)1,6—拨叉;2—曲柄;3—凸轮;4—轴;5—杠杆。

图1-1-10 轴Ⅱ和轴Ⅲ上滑动齿轮的操作机构

表1-1-1 单手6变速操控机构的位置关系表

曲柄2位置	a'	b'	c'	d'	e'	f'
三联滑移齿轮位置	左	中	右	右	中	左
杠杆3中短销位置	a	b	c	d	e	f
双联滑移齿轮位置	左	左	左	右	右	右

项目一 车床的认知与实践

拆装目标

知识目标：了解变速操纵机构的规格、结构及其作用。

技能目标：能掌握变速操纵机构的装拆，懂得装卸时的安全知识。

素质目标：通过变速操纵机构的拆装清理，同学之间相互学习，培养学生的团队协作精神。

故障排除

停机后主轴有自转现象或制动时间太长。

(1)故障原因分析：

① 摩擦离合器调整过紧，停机后摩擦片仍未完全脱开。

② 主轴制动机构制动力不够。

(2)故障排除与检修：

① 调整好摩擦离合器(如上例所述)。

② 调整主轴制动机构，制动轮装在轴Ⅳ上，制动轮的外面包有制动带。通过调整调节螺钉来调整制动力，调整后检查当离合器压紧时制动带必须完全松开，否则应把调节螺钉稍微松开一些，控制在主轴转速为 320 r/min 时，2~3 转制动。

想一想

1. 滑移齿轮的功用有哪些？
2. 主轴箱内有多齿轮变速机构，变换箱外手柄位置目的是什么？

步骤6 主轴组件拆装

扫描二维码
观看 CA6140
主轴箱变速过程

知识链接

主轴组件

主轴组件由主轴、主轴轴承和传动齿轮等零件组成，如图 1-1-11 所示。主轴工作时，直接带动工件旋转并承受很大的切削力，主轴组件的旋转精度、刚性和抗震性等对工件的加工精度和表面粗糙度有直接影响。因此，机床对主轴组件的要求较高。

主轴是空心阶梯轴(图 1-1-12),中心有一直径为 48 mm 的通孔,用于通过长棒料以及气动、液压等夹紧装置的传动杆,也用于穿过长棒以便卸下顶尖。主轴前端有精密的莫氏 6 号锥孔,用来安装顶尖和心轴;后端的锥孔是工艺孔。主轴尾部圆柱是气动、液压夹紧装置的安装基面。

主轴前端采用短锥法兰式结构,它以短锥体和轴肩端面定位,用 4 个螺栓将卡盘或拨盘固定在主轴上,由主轴轴肩端面上的圆柱形端面键传递转矩。这种主轴端部结构的定心精度高,主轴前端的悬伸长度小、刚度好,装卸卡盘也较方便。

主轴右端装有一个左旋斜齿圆柱齿轮 Z58,可使主轴运转平稳。传动时,该齿轮作用在主轴上的轴向力与轴向切削分力的方向相反,因此还可以减少主轴前支承轴承所承受的轴向力。

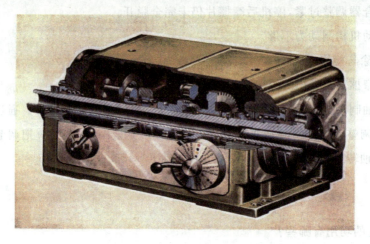

图 1-1-11 主轴箱结构图

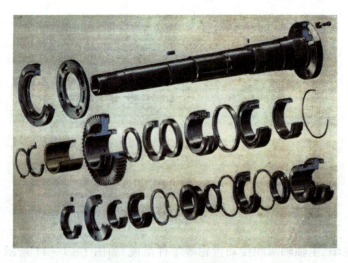

图 1-1-12 主轴零件图

主轴安装采用三种支承结构形式:前、后支承为主支承,中间支承为辅助支承。前支承轴承和后支承轴承分别为 D3182121 和 E3182115 双列圆柱滚子轴承，中间为 E32216 圆柱滚子轴承。靠前轴承处，装有双向推力角接触球轴承，以承受左、右两个方向的轴向力。主轴装配图如图 1-1-13 所示。

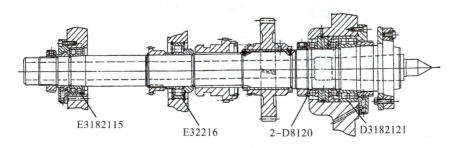

图 1-1-13　主轴装配图

轴承的间隙对主轴的回转精度影响很大，使用中因磨损导致间隙增大时，需要及时调整。主轴部件如图 1-1-14 所示。对于前轴承 5 的调整：先松开螺母 6，再松开螺母 3 上的紧定螺钉，然后拧动螺母 3，使主轴相对于轴承左移，在 1:12 锥形轴颈作用下，使薄壁的轴承内圈产生径向弹性变形，从而消除滚子与内外圈之间的间隙。调整完毕后必须拧紧螺母 6 和 3 上的紧定螺钉。对后轴承 2 的调整：先松开螺母 1 上的紧定螺钉，然后拧动螺母 1，经套筒 10 推动轴承内圈在 1:12 轴颈上右移而消除轴承的间隙，调整完毕后必须拧紧螺母 1 上的紧定螺钉。

为了防止润滑油外漏，前、后支承都采用了油沟式密封，即在前螺母 6 和后支撑套筒 10 的外圆柱表面上做有锯齿形环形槽，主轴旋转时，依靠离心力的作用把经轴承后向外流淌的油液，甩向轴承盖的空腔，然后经油孔流回主轴箱底，再流回油池。

扫描二维码，观看主轴箱拆装

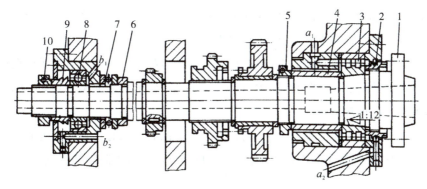

1,3,6—螺母；2—双列短圆柱滚子轴承；4—双列角接触球轴承；
5—圆锥孔 a,b 双列圆柱滚子轴承；7,9—轴承端盖；8—隔套；10—套筒。

图 1-1-14　主轴部件图

推力轴承 7 事先已调好，若因使用间隙增大需要调整时，可通过修磨隔套 8 的厚度来达到消除间隙的目的。

主轴组件结构如图 1-1-15 所示。

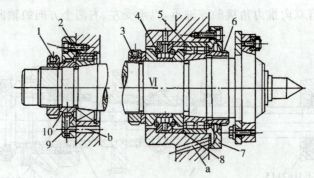

1,3,6—螺母；2—双列短圆柱滚子轴承；4—双列角接触球轴承；
5—圆锥孔 a,b 双列圆柱滚子轴承；7,9—轴承端盖；8—隔套；10—套筒。

图 1-1-15 主轴组件结构

通过机床主轴拆装训练，使学生进一步了解机床的结构、各种机械零件的作用，进一步增强学生的识图能力、机械设备安装的技能，从而提高机械制造技术的实际应用能力。

主轴的拆装方法

主轴的拆装应从两端的端盖开始，然后从箱体左侧向右侧拆卸，左侧箱体外有端盖和锁紧调整螺母，卸下后，把主轴上的卡簧松下退后，此时用大手锤配合垫铁把主轴从左端向右端敲击。敲击的过程中，应注意随时调整卡簧的位置。

卸下主轴后，主轴上的零件应用铁棒穿上，放在清洗液中清洗干净后才可以装配。配合主轴装配图向学生讲解主轴的零件名称、传动原理。

主轴的装配应从箱体的左侧向右侧进行，在装配的过程中，第一，注意主轴的前轴承的装配应该均匀地装在轴承圈中，否则会损坏轴承；第二，注意齿轮的装配应啮合均匀，无顶齿现象；第三，装配后，主轴应能正常旋转。

[提示]主轴是车床主要的零件之一，它较大、较重，同时要求有足够的刚度和较高的旋转精度，因此，在拆卸时，要保证由 3 个以上的同学同时抬起或放下，以防损坏主轴。

1.用勾头扳手将主轴上的双螺母卸下。
注意：螺母要一个个依次卸下。

注意：卸下的轴上零件要按顺序方向摆放好。

2.将主轴往溜板箱方向拉出，并将轴上零件依次取出。

注意：轴上零件要按正确的顺序和方向摆放好。

3.拆下的零件清洗

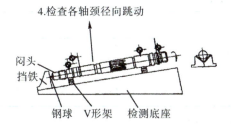

4.检查各轴颈径向跳动
闷头 挡铁 钢球 V形架 检测底座

5.检查锥孔跳动　锥度检验棒

主轴箱拆卸步骤及实施内容见表1-1-2。

表1-1-2　主轴箱拆卸步骤及实施内容

拆卸步骤	拆卸实施内容
1.拆润滑机构和变速操纵机构	①松开各油管螺母； ②拆下过滤器； ③拆下单相油泵； ④拆下变速操纵机构
2.拆卸Ⅰ轴	①放松正车摩擦片(减少压环元宝间摩擦)； ②松开箱体轴承座固定螺钉； ③装上顶丝，用扳手上紧顶丝； ④拿住Ⅰ轴和轴承座
3.拆卸Ⅱ轴	①先拆下压盖，后拆下轴上卡环； ②采用拔销器拆卸Ⅱ轴； ③取出Ⅱ轴零件与齿轮
4.拆卸Ⅳ轴的拨叉轴	①松开拨叉固定螺母； ②用拔销器拔出定位销子； ③松开轴上固定螺钉； ④采用铜棒敲出拨叉轴； ⑤将拨叉和各零件拿出
5.拆卸Ⅳ轴	①松开制动带； ②松开四轴位于压盖上的螺钉，卸下调整螺母； ③用拔销器拔出前盖，再拆下后端端盖； ④拆卸四轴左端拨叉机构紧固螺母，取出螺孔中定位钢珠和弹簧； ⑤用机械法垫上铜棒将拨叉轴和拨叉、轴承卸下(将零件套好放置)； ⑥用卡环钳松开两端卡环； ⑦用机械法拆下Ⅳ轴，将各零件放置于油槽中
6.拆卸Ⅲ轴	①采用拔销器直接取出Ⅲ轴，再取出各零件
7.拆卸主轴(Ⅵ轴)	①拆下后盖，松下顶丝，拆下后螺母； ②拆下前法兰盘； ③在主轴前端装入拉力器，将轴上卡环取出后再将主轴上各零件——取出放入油槽中
8.拆卸Ⅴ轴	①拆下Ⅴ轴前端盖，再取出油盖； ②采用机械法垫上铜棒并将Ⅴ轴从前端拆出； ③将Ⅴ轴各零件放入油槽中
9.拆卸正常螺距机构	①用销子冲拆下手柄上销子，拆下前手柄； ②用螺丝刀拆下后手柄顶丝，再拆下后手柄； ③取出箱体中的拨叉

续表

拆卸步骤	拆卸实施内容
10.拆卸增大螺距机构	①用销子冲拆下手柄上销子,再拆下手柄; ②在主轴后端用机械法拆出手柄轴; ③抽出轴和拨叉并套好放置
11.拆卸主轴变速机构	①拆下变速手柄冲子,用螺丝刀松开顶丝,拆下手柄; ②卸下变速盘上螺丝,拆下变速盘; ③拆下螺丝,取出压板,卸下顶端齿轮,套好零件放置
12.拆卸Ⅶ轴	①将Ⅶ轴上挂轮箱盖及各齿轮拆下; ②用内六角扳手卸下固定螺钉,取下挂轮箱; ③拧松Ⅶ轴紧固螺钉; ④采用机械法垫上铜棒将Ⅶ轴取出; ⑤将Ⅶ轴及各齿轮放置一起
13.拆卸轴承外环	①拆下主轴后轴承,拧下螺丝取下法兰盘和后轴承; ②依次取出各轴承外环。 注意:不要损伤各轴承孔
14.分解Ⅰ轴	①将Ⅰ轴竖直放在木板上,利用惯性拆下尾座与轴承; ②用销子冲拆下元宝键上销子,取出元宝键和轴套; ③再用惯性法拆下另一端轴承,退出反车离合器、齿轮套和摩擦片; ④拆除花键一端轴套、双联齿轮套、锁片和正车摩擦片; ⑤松开正反车调整螺母,用冲子冲出销子取出拉杆,竖起轴用铜棒,取下滑套和调整螺母。 注意:要将各零件分组摆放整齐,并将较小零件妥善保管,以避免丢失
15.拆下主轴箱中其他零件	①拆下主轴拨叉和拨叉轴; ②拆下刹车带③拆下扇形齿轮; ④拆下轴前定位片和定位套; ⑤拆下离合器拨叉轴,拆下正反车换向齿轮

1.CA6140型车床主轴转速分为几级?正转、反转各多少级?正转中高速和低速各多少级?

2.主轴为什么要做成空心阶梯轴?

大国工匠——高凤林

突破极限精度,将"龙的轨迹"划入太空;破解二十载难题,让中国繁星映亮苍穹。焊花闪烁,岁月寒暑,为火箭铸"心",为民族筑梦,他就是中国航天科技集团有限公司第一研究院首都航天机械有限公司特种熔融焊接工、高级技师高凤林。

高凤林参与过一系列航天重大工程,焊接过的火箭发动机占我国火箭发动机总数的近四成。攻克了长征五号的技术难题,为北斗导航、嫦娥探月、载人航天等国家重点工程的顺利实施以及长征五号新一代运载火箭研制做出了突出贡献。

所获荣誉:国家科学技术进步二等奖、全国劳动模范、全国五一劳动奖章、全国道德模范、最美职工。

任务二　进给箱拆卸

步骤 1　基本螺距及控制机构拆装

知识链接

基本螺距机构及操控机构

进给箱的基本螺距机构为双轴滑移齿轮机构，轴 XIV 上的每一个滑移齿轮都分别与轴 XIII 上的两个固定齿轮啮合，且两轴间的 8 种机床传动比又必须按严格的规律排列，为使所有相互啮合的齿轮中心距相等，必须采用不同模数和变位系数的齿轮。进给箱结构见图 1-2-1，进给箱拆装与调整步骤见表 1-2-1。

1—手柄；2,4—杠杆；3—盘形凸轮；5—挂轮架；6—螺母；7—滑块螺母；8,9—滑移齿轮；X、XI、XIII—轴。

图 1-2-1　进给箱

表 1-2-1　CA6140 型车床进给箱基本螺距机构齿轮表

编号	齿数	模数	变位系数	编号	齿数	模数	变位系数
1	14	3.75	+0.159	7	36	2.25	−0.465
2	21	2.25	0	8	33	2.252	+1.124
3	28	2.25	0	9	26	2.25	+1.124

续表

编号	齿数	模数	变位系数	编号	齿数	模数	变位系数
4	28	2	+0.024	10	28	2.25	0
5	19	3.75	+0.16	11	36	2	−0.711
6	20	3.75	−0.349	12	32	2	+1.5

轴Ⅺ上基本螺距机构的四个滑移齿轮都需要移换左、中、右三个位置,而且每次变速时只能有一个啮合。如图1-2-2所示为进给箱基本螺距机构的操纵机构图。

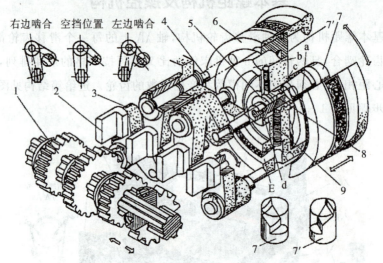

1—齿轮;2—拨块;3—操控杠杆;4—圆柱销;5—中心轴;6—手轮;7,7′—压块;
E—环形槽;8—钢珠弹簧定位机构;9—手轮分度定位螺钉;a,b,c,d—环形槽上的孔。

图1-2-2 进给箱基本螺距机构的操纵机构图

四个滑移齿轮由手轮6通过各自的操控杠杆3操纵。操控杠杆3可绕固定在箱盖上的小轴摆动,在其一端装有拨动齿轮的拨块2,另一端装有圆柱销4。四个圆柱销在不同位置上穿过箱盖上的孔,均匀分布地插入手轮6的环形槽E中。环形槽E上有两个相隔45°的孔a和孔b,孔内分别安装带有斜面的压块7和7′,压块7的斜面沿半径方向向外,压块7′的斜面沿半径方向向内,利用两个压块和环形槽控制圆柱销4,并通过操控杠杆3、拨块2使滑移齿轮移换三个位置:

①当圆柱销4在环形槽E中,滑移齿轮处在中间空当位置。

②当圆柱销4在孔a或孔b中时,滑移齿轮则被拨块拨动处在左啮合位置或者右啮合位置。与轴Ⅻ上的相应齿轮啮合。

变速时,要先把手轮6向外拉出,然后转动手轮至所需位置。手轮无论转到哪一个位置,四个圆柱销中总有一个位于孔a或孔b相对应的地方,而其余圆柱销则处在环形槽中。再推入手轮,则圆柱销 4 在压块斜面的作用下靠向孔 a 的外侧或孔 b 的内侧,使杠杆 3 摆动,拨块 2 便拨动齿轮到啮合位置。图 1-2-3 所示为左上角圆柱销插入孔 b 中,受压块作用使拨块处在右端。

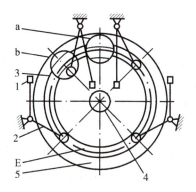

1—外压块;2—拨块;3—杠杆;4—销子;5—操纵手轮;a,b—孔;E—环形槽。

图 1-2-3　基本螺距操纵机构及其工作原理

知识目标：了解基本螺距机构的规格、结构及其作用。

技能目标：能掌握基本螺距机构的装拆,懂得装卸时的安全知识。

素质目标：通过基本螺距机构的拆装清理,同学之间相互学习,培养学生的团队协作精神。

进给箱用来将主轴箱经交换齿轮传来的运动进行各种传动比的变换,使丝杠、光杠得到与主轴有不同速比的转速,以取得机床不同的进给量和适应不同螺距的螺纹加工。它由箱体、箱盖、齿轮轴组、倍数齿轮轴组、丝杠、光杠连接轴组及各操纵机构等组成。

进给箱中的各种拆卸方法与主轴箱中的Ⅱ轴及Ⅲ轴一样,均采用工具拔销器。安全注意事项与主轴箱相同。

1. 基本螺距操纵机构用于操纵基本组ⅩⅣ轴上的 4 个滑移齿轮,这句话对吗？
2. 在同一工作时间内基本组中只能有一对齿轮啮合,为什么？

步骤 2 增倍机构及控制机构拆装

知识链接

增倍机构变速操控机构由齿数比为 2∶1 的两齿轮组成。轴 3（手动转动手柄带动）上固定一大齿轮 2，与小齿轮 4 啮合。那么大齿轮 2 转过 60°，小齿轮 4 转过 120°。圆柱销 1 和 5 分别偏心地安装于齿轮 2 和齿轮 4 上，通过拨叉分别操控轴 XVII 上的双联滑移齿轮（Z28－Z48）作左（离合器 M4 接合）、中、右三个位置的变换以及轴 XV 上的双联滑移齿轮（Z28－Z18）作左、中（空挡）、右三个位置的变换。

扳动手柄使轴 3 带动齿轮 2 及圆柱销 1 按 Ⅰ、Ⅱ、Ⅲ、Ⅳ、Ⅴ 顺序转动时（其中由 Ⅱ 至 Ⅲ 转 120°，其余 60°），齿轮 4 及圆柱销 5 则依次处于左、右、左、右、中。这样，即可实现增倍机构机床传动比的变化，以及精密螺纹加工的转换。

滑移齿轮位置变换及传动路线见表 1-2-2。

表 1-2-2 滑移齿轮位置变换及传动路线

销 1	销 5	作用
Ⅰ/中	左	28/35×35/28＝1，M4 脱开
Ⅱ/右	右	18/45×15/48＝1/8，M4 脱开
Ⅲ/右	左	28/35×15/48＝1/4，M4 脱开
Ⅳ/中	右	18/45×35/28＝1/2，M4 脱开
Ⅴ/左	中	M4 啮合，加工精密/非标准螺纹

增倍机构操控机构如图 1-2-4 所示。

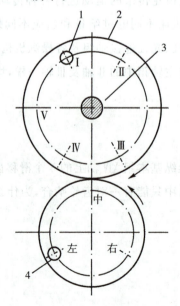

1，4—圆柱销；2—大齿轮；3—转轴。

图 1-2-4 增倍机构

拆装目标

(1) 能够规范拆装增倍操控机构。
(2) 能够正确说出增倍操控机构各零件的名称。
(3) 掌握传动原理。

拆装要领

进给箱中的各种拆卸方法与主轴箱中的Ⅱ轴及Ⅲ轴一样,均采用工具拔销器。安全注意事项与主轴箱相同。

想一想

1. 如何更换齿轮?
2. 增倍机构的工作原理是什么?
3. 操控机构的顺序是什么?

步骤3　移换机构及控制机构拆装

知识链接

加工不同标准的螺纹时,进给箱中基本螺距机构运动传动方向的改变,是由离合器 M3 和轴Ⅻ上滑移齿轮 Z25 实现的;而螺纹进给传动链机床传动比数值中包含 25.4、π 等特殊因子,则由轴Ⅻ—轴ⅩⅢ间齿轮副 25/36、轴ⅩⅣ—ⅩⅢ—ⅩⅤ间齿轮副 25/36×36/25、轴ⅩⅢ—ⅩⅤ间齿轮副 36/25 与挂轮适当组合获得的。进给箱中具有上述功能的离合器、滑移齿轮和定比齿轮传动机构,一般称为移换机构。

进给箱中轴Ⅻ上滑移齿轮 Z25、轴ⅩⅤ上滑移齿轮 Z25、轴ⅩⅦ上的滑移齿轮 Z28 共用一套机构进行操控,如图 1-2-5 所示。

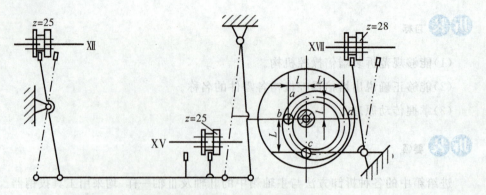

图 1-2-5 进给箱中轴Ⅶ、Ⅺ、Ⅻ共用操控机构

偏心槽盘状凸轮由手动扳动进行操作,偏心槽的 a、b 点与圆盘回转中心的距离为 l,c、d 点与圆盘回转中心的距离为 L。杠杆用于控制光杠、丝杠传动的转换和控制滑移齿轮移换位置。

通过盘状凸轮的偏心槽在旋转过程中改变杠杆销子和圆盘回转中心的距离,驱动杠杆摆动,从而带动拨叉使滑移齿轮移位,以得到各种不同传动路线。传动方式的改变见表 1-2-3。

表 1-2-3 移换机构传动路线变化表(偏心盘状凸轮 2 顺时针转 90°/次)

杠杆 4	杠杆 1	轴Ⅻ Z25	轴ⅩⅤ Z25	轴ⅩⅦ Z28	作用
l	L	左	右	左	M3、M5 脱开,米制、光杠传动,获得正常进给量
L	L	右	左	左	M3 啮合,M5 脱开,英制、光杠传动,获得较大进给量
L	l	右	左	右	M3、M5 啮合,英制、丝杠传动,加工英制螺纹、径节制螺纹
l	l	左	右	右	M3 脱开、M5 啮合,米制、丝杠传动,加工普通螺纹、模数制螺纹

拆装 目标

知识目标:了解移换机构的规格、结构及其作用。

技能目标:能掌握移换操作机构的装拆,懂得装卸时的安全知识。

素质目标:通过移换操作机构的拆装清理,同学之间相互学习,培养学生的团队协作精神。

注意 事项

(1) 看懂结构再动手拆,并按先外后里、先易后难、先上后下顺序拆卸。

(2) 先拆紧固件、连接件和限位件(顶丝、销钉、卡圆、衬套等)。

(3) 拆前看清组合件的方向和位置排列等,以免装配时搞错。

(4)拆下的零件要有秩序地摆放整齐,做到键归槽、钉插孔、滚珠丝杠盒内装。

(5)注意安全,拆卸时要防止箱体倾倒或掉下,以免砸人。

(6)拆卸零件时,不准用铁锤猛砸。当拆卸不下时,应分析原因,搞清楚(对照进给箱结构图的图纸)后再进行拆卸。

(7)在扳动手柄观察传动时不要将手伸入传动件中,以防止挤伤。

1.操纵机构的基本组成是什么?

2.操纵手轮在圆周上有几个位置?

大国工匠——夏立

技艺吹影镂尘,擦亮中华"翔龙"之目;组装妙至毫巅,铺就嫦娥奔月星途。当"天马"凝望远方,那一份份捷报,蔓延着他的幸福,他就是中国电子科技集团公司第五十四研究所钳工夏立。

作为通信天线装配责任人,夏立先后承担了"天马"射电望远镜、远望号、索马里护航军舰、"9·3"阅兵参阅方阵上通信设施等的卫星天线预研与装配、校准任务。装配的齿轮间隙仅有 0.004 mm,相当于一根头发丝的 1/20 粗细。在生产、组装工艺方面,夏立攻克了一个又一个难关,创造了一个又一个奇迹。

所获荣誉:全国技术能手、河北省金牌工人、河北省五一劳动奖章、2016 年河北省军工大工匠。

任务三　溜板箱拆卸

步骤1　开合螺母机构拆装

知识链接

车削螺纹时,进给箱将运动传递给丝杠。合上开合螺母,就可带动溜板箱和刀架。开合螺母机构如图1-3-1所示,由下半开合螺母和上半开合螺母组成,它们都可以沿溜板箱中竖直的燕尾形导轨上下移动。每个半螺母上装有一个圆锥销,它们分别插进槽盘的两条曲线槽中。车削螺纹时,转动手柄,使槽盘上的偏心曲线槽接近盘中心部分的倾斜角比较小,使开合螺母闭合后能自锁。限位螺钉用以调节丝杠和螺母的间隙。

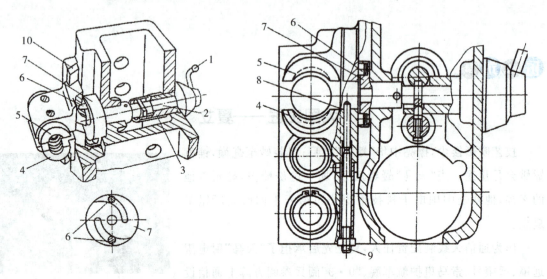

1—手柄;2—转轴;3—衬套;4,5—上、下半螺母;6—圆销;7—槽盘;
8—调整销;9—调整螺钉;10—燕尾导轨。

图1-3-1　开合螺母机构

拆装目标

知识目标:了解开合螺母机构的规格、结构及其作用。

技能目标:能掌握开合螺母机构的拆装,懂得拆装时的安全知识。

素质目标:通过开合螺母机构的拆装清理,同学之间相互学习,培养学生的团队协作精神。

项目一 车床的认知与实践

表 1-3-1 开合螺母机构的拆装及实施过程

序号	开合螺母机构的拆装及实施过程
1	拆下手柄上的锥销,取下手柄
2	旋松燕尾槽上的两个调整螺钉,取下导向板
3	取下开合螺母,抽出轴等
4	安装则按反顺序进行

1. 开合螺母为什么要做成上下两半？
2. 闭合、打开各起什么作用？

扫描二维码
观看开合螺母

步骤2 超越离合器机构拆装

知识链接

超越离合器的作用是实现同一轴运动的快、慢速自动转换,其结构如图1-3-2所示。

当空套齿轮1在进给传动机构驱动下逆时针旋转时,在弹簧销的作用下并依靠滚柱3与齿轮1内孔壁间的摩擦力,使滚柱3挤向楔缝,带动星形体2随同齿轮1一起转动,再经安全离合器M7带动轴XX转动,这是刀架机动工作进给的情况。当快速电动机启动时,运动由齿轮副13/39传至轴XX,则星形体由轴XX带动做逆时针方向的快速旋转,这时,滚柱3与齿轮1及星形体2之间的摩擦力和惯性力的作用,使滚柱3压缩弹簧销移向楔缝的大端,从而脱开齿轮1和星形体2(轴XX)间的传动关系。此时,虽然光杠及齿轮1仍在旋转,但不再传动轴XX,轴XX由快速电动机带动作快速转动,使刀架实现快速运动。当快速电动机停止转动后,超越离合器在弹簧5的作用下,使滚柱3瞬间嵌入斜楔,实现运动的自动转换,刀架立即恢复正常的工作进给运动。从而实现了轴XX上快、慢速的自动转换。

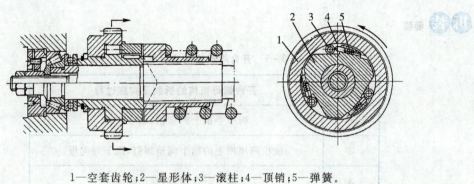

1—空套齿轮；2—星形体；3—滚柱；4—顶销；5—弹簧。

图1-3-2 超越离合器

拆装目标

知识目标：了解超越离合器的规格、结构及其作用。
技能目标：能掌握超越离合器的拆装，懂得拆装时的安全知识。
素质目标：通过超越离合器的拆装清理，同学之间相互学习，培养学生的团队协作精神。

拆装要领

蜗轮轴上装有超越离合器、安全离合器，通过拆装了解两离合器的作用。
(1)拆下轴承，取下定位套，取下超越离合器、安全离合器等。
(2)打开超越离合定位套，取下齿轮等，利用教具观看内部动作，理解动作原理。
(3)对照实物讲解安全离合器原理。

想一想

1.超越离合器的作用是什么？
2.为什么要安装超越离合器？

步骤3 安全离合器机构拆装

知识链接

安全离合器的作用是防止过载和机床发生偶然事故时损坏机床的机构。图1-3-3所示为CA6140型车床溜板箱中所采用的安全离合器。

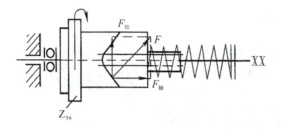

图 1-3-3 安全离合器

安全离合器(1)和(2)

安全离合器由端面带螺旋形齿爪的左、右两半部分 5 和 6 组成,其左半部分 5 用键装在超越离合器 M6 的星形体 4 上,右半部分 6 用花键与轴 XX 连接。正常情况下,在弹簧 7 压力作用下,离合器左右两部分相互啮合,由光杠传来的运动,经齿轮 Z56、超越离合器 M6 和安全离合器 M7,传至轴 XX 和蜗杆 10,此时安全离合器螺旋齿面产生的轴向分力 $F_{轴}$,由弹簧 7 的压力来平衡(图 1-3-4)。刀架上的载荷增大时,通过安全离合器齿爪传递的扭矩和作用在螺旋齿面上的轴向分力都将随之增大。当轴向分力 $F_{轴}$ 超过弹簧 7 的压力时,离合器右半部分 6 将弹簧压缩而向右移动,与左半部分 5 脱开,导致安全离合器打滑。于是机动传动链断开,刀架停止进给。过载消除后,弹簧 7 使安全离合器重新接合,恢复正常工作。

机床允许使用的最大进给力,决定于弹簧 7 调定的压力。拧转螺母 3,通过装在轴 XX 内孔中的拉杆 1 和圆销 8,可调整弹簧座 9 的轴向位置,改变弹簧 7 的压缩量,从而调整安全离合器能传递的扭矩大小。

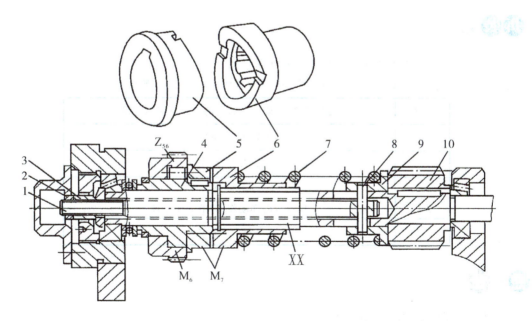

1—拉杆;2—锁紧螺母;3—调整螺母;4—超越离合器星轮;5—安全离合器左半部;
6—安全离合器右半部;7—弹簧;8—圆销;9—弹簧座;10—蜗杆。

图 1-3-4 安全离合器机构图

安全离合器部件如图 1-3-5 所示。

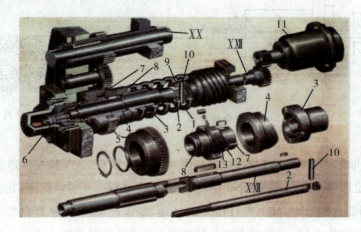

1—弹簧；2—拉杆；3—右接合子；4—左接合子；5—齿轮；6—螺母；9—滚柱；
10—星状体；11—止推套；12—圆柱销；13—快速电动机；ⅩⅩ—光杠；ⅩⅩⅡ—蜗杆轴。

图 1-3-5 安全离合器部件图

拆装目标

知识目标：了解安全离合器的规格、结构及其作用。

技能目标：能掌握安全离合器的拆装，懂得拆装时的安全知识。

素质目标：通过安全离合器的拆装清理，同学之间相互学习，培养学生的团队协作精神。

拆装要领

超越离合器、安全离合器的拆装及实施过程见表 1-3-2。

表 1-3-2 超越离合器、安全离合器的拆装及实施过程

序号	超越离合器、安全离合器的拆装及实施过程
1	拆下轴承，取下定位套
2	取下超越离合器、安全离合器等
3	打开超越离合定位套，取下齿轮等，利用教具观看内部动作，理解动作原理
4	安装按反顺序进行

想一想

1. 安全离合器的作用是什么？
2. 为什么要安装安全离合器？

步骤 4 纵横向进给控制机构拆装

知识链接

图 1-3-6 所示为 CA6140 型车床的机动进给操控机构。它利用一个手柄集中操控纵向、横向机动进给运动的接通、断开和换向,且手柄扳动方向与刀架运动方向一致,使用非常方便。

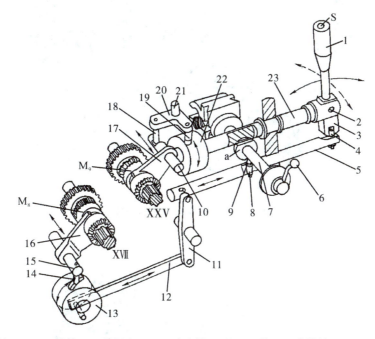

1,6—手柄;2,21—销轴;3—手柄座;4,9—球头销;5,7,23—轴;8—弹簧销;10,15—拨叉轴;
11,20—杠杆;12—连杆;13,22—凸轮;14,18,19—圆销;16,17—拨叉。

图 1-3-6 机动进给操控机构

向左或向右扳动手柄 1,使手柄座 3 绕着销轴 2 摆动时(销轴 2 装在轴向位置固定的轴 23 上),手柄座下端的开口槽通过球头销 4 拨动轴 5 轴向移动,再经杠杆 11 和连杆 12 使凸轮 13 转动,凸轮上的曲线槽又通过圆销 14 带动轴 15 以及固定在它上面的拨叉 16 向前或向后移动,拨叉拨动离合器 M_8,使之与轴 XVII 上两个空套齿轮之一啮合,于是纵向机动进给运动接通,刀架相应地向左或向右移动。

向前或向后扳动手柄 1,通过手柄座 3 使轴 23 和固定在它左端的凸轮 22 转动时,凸轮上曲线槽通过圆销 19 使杠杆 20 绕着销轴 21 摆动,再经杠杆 20 上的另一个圆销 18,带动轴 10 以及固定在它上面的拨叉 17 向前或向后移动,拨叉拨动离合器 M_9,使之与轴 XXV 上两个空套齿轮之一啮合,于是横向机动进给运动接通,刀架相应地向前或向后移动。

手柄 1 扳至中间直立位置时，离合器 M8 和 M9 均处于中间位置，机动进给传动链断开。当手柄扳至左、右、前、后任一位置时，再按下装在手柄 1 顶端的按钮 S，则快速电动机接通，刀架便在相应方向上快速移动。

机动进给操控部件图和分解图如图 1-3-7 和图 1-3-8 所示。

图 1-3-7　机动进给操控部件图

图 1-3-8　机动进给操控分解图

 目标

知识目标：了解纵、横向机动进给操纵机构的规格、结构及其作用。

技能目标：能掌握纵、横向机动进给操纵机构的拆装，懂得拆装时的安全知识。

素质目标：通过纵、横向机动进给操纵机构的拆装清理，同学之间相互学习，培养学生的团队协作精神。

拆装要领

纵、横向机动进给操纵机构的拆装及实施过程见表1-3-3。

表1-3-3 纵、模向机动进给操纵机构的拆装及实施过程

序号	纵、横向机动进给操纵机构的拆装及实施过程
1	旋下十字手柄、护罩等，旋下M6顶丝，取下套，抽出操纵杠，抽出φ8锥销，抽出拨叉轴
2	取出纵向、横向两个拨叉（观察纵、横向的动作原理）
3	取下溜板两侧扩盖，M8沉头螺钉，取下护盖，取下两离合器轴
4	拿出四个齿轴及铜套等（观察离合器动作原理）
5	旋下蜗轮轴上M8螺钉，抽出蜗轮轴，取出齿轮、蜗轮等
6	旋下快速电机螺钉，取下快速电机
7	旋下蜗杆轴端盖、M8内六角螺钉，取下端盖，抽出蜗杆轴
8	安装则按反顺序进行

想一想

1. 纵、横向机动进给操纵机构的作用是什么？
2. 纵、横向机动进给操纵机构的主要组成有哪些？

步骤5　互锁机构拆装

知识链接

机床工作时，如果操作错误同时将丝杠传动与纵向、横向机动进给（或快速运动）接通，则将损坏机床。为了防止发生上述事故，溜板箱中设有互锁机构，以保证开合螺母和机动进给不能同时接通。CA6140型车床设有互锁机构，其工作原理如图1-3-9所示。

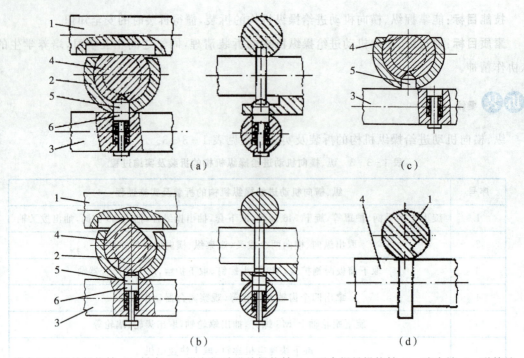

1—横向机动进给操控轴；2—衬套；3—纵向机动进给操控轴；4—开合螺母操控轴；5—球头销；6—弹簧销；

图 1-3-9 CA6140 型车床互锁机构工作原理

操作要领

图 1-3-9(a)所示为中间位置时的状态：这时机动进给或快速移动未接通,开合螺母也处于张开状态,因此可任意扳动开合螺母接通丝杠传动或接通纵向、横向机动进给传动。

图 1-3-9(b)所示为开合螺母闭合时的状态：这时轴 4 转过了一个角度,它的凸肩转起卡入轴 1 的键槽中,将其卡住,使其不能转动,因此横向机动进给传动不能接通。同时轴 4 凸肩底部又将球头销 5 压入轴 3 的孔中,由于球头销 5 的另一半尚留在衬套 2 中,使得轴 3 不能左右移动,即纵向机动进给传动不能接通。所以,当开合螺母接通时,纵向、横向机动进给传动不能同时接通。

图 1-3-9(c)所示为向左扳动机动进给操控手柄的状态,这时轴 3 向右移动,轴 3 上的圆柱孔也随之偏移,轴 3 的外圆柱面顶住球头销 5 使之不能往下移动,球头销 5 的圆柱段处于衬套 2 中,而它的上端则卡在轴 4 凸肩的 V 形槽中,从而将轴 4 锁住不能转动,也就不能使开合螺母闭合。

图 1-3-9(d)所示为向前扳动机动操控手柄的状态,这时轴 1 转过一个角度,其上的轴向长槽也随之转开而不对准轴 4 的凸肩,于是轴 4 上的凸肩被轴 1 的外圆柱顶住使之不能转动,所以开合螺母也不能闭合。

拆装目标

知识目标：了解互锁机构的规格、结构及其作用。

扫描二维码,观看
零件拆装与清洗

技能目标：能掌握互锁机构的拆装，懂得拆装时的安全知识。
素质目标：通过互锁机构的拆装清理，同学之间相互学习，培养学生的团队协作精神。

1. 互锁机构的作用是什么？
2. 为什么要安装互锁机构？

金牌师傅卢兴福 专利发明小达人

"我的师傅卢兴福是电网公司的专利发明小达人，从事电力检修工作21年，获得了15项国家专利。"在徒弟曹俊的眼里，卢兴福不仅仅是贵州电网有限责任公司贵阳供电局变电管理二所检修一班副班长、全国劳动模范、全国技术能手，还是他的金牌师傅。

"大学毕业才参加工作的时候，让我跟着一个专科师傅学习，我很是不服气。一开始，在户外从事高压开关的检修及维护工作，心里还是有些害怕，师傅卢兴福把他的经验传授给我后，我慢慢地克服了心理障碍，并对这位师傅另眼相看。"

现在的卢兴福，在曹俊的眼里是这样的。他是一位"设备医生"，也是一位"神器巧匠"。

他常常对我们说："只要用心，没有做不好的事，没有解决不了的难题。"他是这样说的，也是这样做的。他常在设备现场"望闻问切"找"茬"并改进。针对LW6-110系列断路器频发故障，他放弃节假日，走现场、查资料、找症结、做方案，找到简易方法解决故障，为企业节约20万元；针对LW11-252断路器CQ机构延时分闸问题，他在现场反复拆装研究，查阅机械原理等资料，发现是两种材料制成元件的配合存在问题并解决，消除了设备存在的隐患。

▶ 任务四　刀架拆卸

刀　架

刀架的功用是安装车刀，并由溜板带动其做纵向、横向和斜向进给运动。它由床鞍、横向溜板、转盘、刀架溜板和方刀架等组成,如图1-4-1和图1-4-2所示。

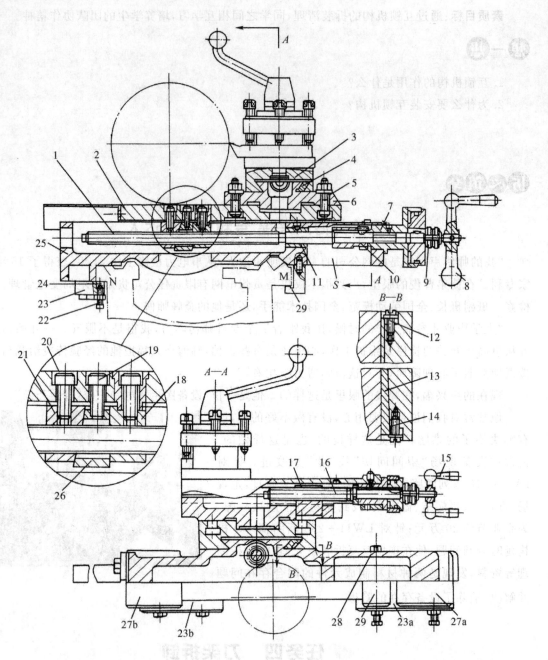

1,16—丝杠;2—横向溜板;3—刀架溜板;4,13,24—镶条;5,12,14,19,20,22,28—螺钉;6—转盘;15—手柄;9,17,18,21—螺母;10—齿轮;7,11—滑动轴承;23,27—压板;25—床鞍;26—楔铁;29—活动压板。

图1-4-1 刀架结构图

项目一 车床的认知与实践

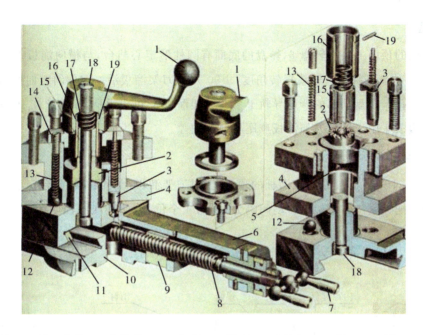

1—手柄；2—端面凸轮；3—定位销；4—刀架体；5—销子；6—小拖板；7—手柄；8—丝杠；9—螺母；
10—转盘；11—镶条；12—钢球；13—弹簧；15—轴套；16—套筒；17—弹簧；18—螺纹轴；19—圆柱销。

图 1-4-2 刀架分解图

1. 床鞍

床鞍 25 装在床身的 V 形导轨 M 和矩形导轨 N 上，由它们进行导向，以保证刀架纵向移动轨迹的直线度。为了防止由于切削力的作用而使刀架颠覆，在床鞍的前后侧各装有两块压板 27 和 23。利用螺钉 22 和塞铁 24 可调整矩形导轨的间隙。在床鞍的前侧还装有一个活动压板 29，拧紧螺钉 28，可将床鞍锁紧在床身导轨上，以免车削大尺寸端面过程中刀架发生纵向走刀，影响加工精度。

2. 横向溜板

横向溜板 2 装在床鞍 25 顶面的燕尾导轨上，可由横向进给丝杠 1 经螺母传动，沿导轨横向移动，燕尾导轨的间隙靠调节螺钉 14 和 12 使带有斜度的镶条 13 前后移动位置来进行调整。横向进给丝杠 1 的右端支撑在滑动轴承 11 和 7 上，实现径向和轴向定位，利用螺母 9 可调整轴承的轴向间隙。机动进给时，丝杠由齿轮 10 传动旋转；手动进给时可用手柄 8 摇动。横向进给丝杠螺母机构的螺母固定在溜板 2 的底面上，它由分开的两部分 21 和 18 组成，中间用楔块 26 隔开。当由于使用磨损使丝杠和螺母之间的间隙过大时，可将螺母 21 的紧固螺钉 20 松开，然后拧动螺钉 19 把楔块 26 向上拉紧，依靠斜楔作用将螺母 21 向左挤，使螺母 21 和 18 与丝杠之间产生相对位移，减少螺母和丝杠的间隙，间隙调妥后，拧紧螺钉 20 将螺母 21 固定。这样，丝杠和螺母之间便不会产生相对轴向窜动。

3. 转盘

横向溜板的顶面上装有转盘 6，转盘的底面有圆柱形定心凸台，与横向溜板上的孔配合；松开紧固螺钉 5，转盘可绕垂直轴线扳转角度（±90°），使刀架溜板沿一定偏斜方向进给，以便车削圆锥面和内锥孔。转盘顶部的燕尾导轨上装有刀架溜板 3，可由手柄 15 经丝杠 16 和螺母 17 传动其移动。镶条 4 用于调节刀架溜板燕尾导轨的间隙。

4. 方刀架

方刀架（图 1-4-3）装在刀架溜板的顶面上，以刀架溜板上的圆柱形凸台定心，用拧在轴顶端螺纹上的手把夹紧。方刀架可转动间隔为 90°的 4 个位置，使装在它四侧的 4 把车刀依次进入加工位置。

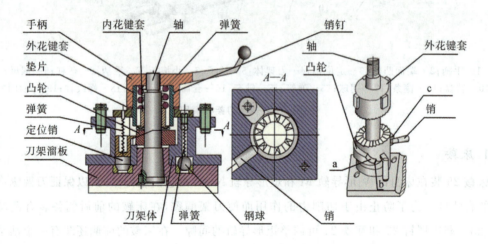

图 1-4-3 方刀架结构图

方刀架换位过程中的松夹、拔销、转位、定位及夹紧等动作，都由手把操纵。

(1) 松夹：逆时针转动手把，使其从轴顶端的螺纹上拧松时，刀架体便被松开。

(2) 拔销和转位：手把在松开的同时，通过内花键套（用销钉与手把连接）带动外花键套转动，外花键套的下端有锯齿形齿爪与凸轮上的端面齿啮合，因而凸轮也被带动着逆时针转动，凸轮转动时，先有其上的斜面 a 将定位销从定位孔中拔出，接着其缺口的一个垂直侧面 b 与装在刀架体内的横销相碰，于是在手把带动下刀架体一起转动，钢球从定位孔中滑出，完成转位。

(3) 定位：当刀架转到所需位置时，钢球在弹簧作用下进入另一个定位孔，使刀架体先进行初定位。然后反向转动手把（顺时针方向），同时凸轮也被带动着一起反转，当凸轮上斜面 a 脱离定位销的钩形尾部时，在弹簧作用下，定位销插入新的定位孔，使刀架实现精确定位。接着凸轮上缺口的另一垂直侧面 c 与销相碰，凸轮便被挡住不再转动。

(4) 夹紧：手把带着花键套一起继续顺时针转动，直到把刀架体压紧在刀架溜板上为止。在此过程中,由于花键套与凸轮是以端面齿爪的斜面接触,因而外花键套克服弹簧的压力,使其齿爪在固定不动的凸轮的齿爪上滑动。

修磨垫圈的厚度,可调整手把在夹紧方刀架后的正确停留方向。

拆装目标

(1)了解刀架滑板部件的结构。

(2)掌握刀架滑板部件的拆装工艺过程。

(3)完成车床刀架滑板部件的拆装。

(4)能认真执行拆装安全操作规程和作业中的5S管理。

拆装要领

(1)了解刀架滑板的结构。

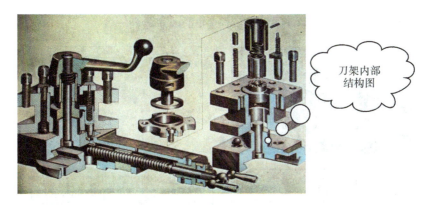

刀架内部结构图

(2)学习刀架滑板的拆装方法。

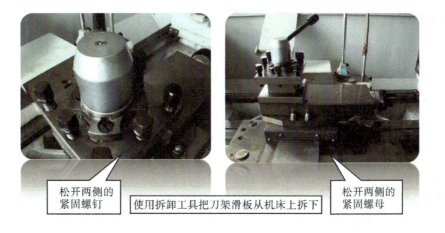

松开两侧的紧固螺钉　　使用拆卸工具把刀架滑板从机床上拆下　　松开两侧的紧固螺母

(3)刀架滑板零件的清洗和检查。

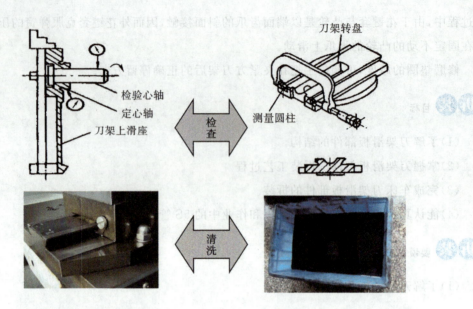

(4) 刀架滑板的装配与调整技术要求。

1. 刀架下滑座在导轨全长上移动时，无轻重或松紧不均匀的现象，并保证大端有10~15 mm调整余量。

2. 燕尾导轨与刀架上滑座配合表面之间间隙小于或等于0.03 mm，塞尺检查插入深度小于或等于20 mm。

四、拆装步骤

(1) 拆下螺丝，放在指定地方并拆下手柄。

(2) 拆下外花键套、内花键套，再拆下凸轮、弹簧。

(3) 拆下刀架内的轴承。

(4) 把小刀架和大刀架的手轮及螺杆拆下来。

注：键、销、垫片、弹簧等小部件也要拆下来。

1. 刀架是如何锁紧的？

2. 基准面定位方法是什么？

大国工匠——王进

平步百米铁塔,横穿超、特高压。在"刀锋"上起舞,守护着岁月通明、灯火万家,他就是国网山东省电力公司检修公司输电检修中心带电班副班长王进。

王进是电网系统特高压检修工,成功完成世界首次±660 kV 直流输电线路带电作业。参与执行抗冰抢险、奥运会和全运会保电、线路防舞动治理等重大任务,带电检修 300 余次实现"零失误",为社会节省电量 1×10^7 kW·h,避免经济损失数以亿计。

所获荣誉:国家科技进步二等奖、全国劳动模范、全国五一劳动奖章、全国五四青年奖章、最美职工。

◎ 任务五 车床尾座拆卸

知识链接

车床尾座

车床尾座(图 1-5-1 和图 1-5-2)由顶尖、套筒、滑键、螺杆、手轮等组成。

功用:可沿其导轨纵向调整位置,其上可装顶尖支承长工件的后端以加工长圆柱体,也可以安装加工孔用的刀具。尾座可横向做少量的调整,用于加工小锥度的外锥面。

尾座安装在床身的尾架导轨上,它可以根据工件的长短调整纵向位置,位置调整妥当后用快速紧固手柄夹紧,当手柄转动时,通过偏心轴及拉杆,就可将尾架夹紧在床身导轨上;有时,为了将尾架紧固得更牢靠,可拧紧螺母,这时螺母通过螺钉将压板压紧,使尾架牢固地夹紧在床身上。

后顶尖安装在尾架顶尖套的锥孔中,尾架顶尖套装在尾架体的圆柱孔中,并由平键导向,使它只能轴向移动而不能转动;摇动手轮,可使尾架顶尖套纵向移动,当尾架顶尖套移动到所需位置后,可用手柄转动螺杆以拉紧套筒,从而将尾架顶尖套夹紧,防止它在加工中有所松动。如需卸下顶尖,可反向转动手轮,使尾架顶尖套后退,直至丝杠的左端顶住后顶尖,将后顶尖从锥孔中顶出。

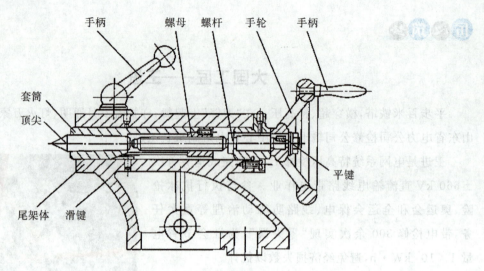

图 1-5-1 尾座结构图

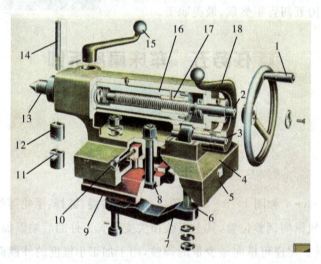

1—手轮；2—丝杠；3—偏心轴；4—尾架；5—尾架座；6—拉杆；7—杠杆；8—螺钉；9—使压板；10—调整螺钉；11—上套筒；12—下套筒；13—后顶尖；14—螺杆；15—手柄；16—尾架套筒；17—螺母；18—手柄。

图 1-5-2 尾座部件图

目标

(1) 了解尾座部件的结构。

(2) 掌握尾座部件的拆装工艺过程。

(3) 完成车床尾座部件的拆装。

(4) 能认真执行拆装安全操作规程和作业中的 5S 管理。

拆装要领

（1）拆下螺丝,再拆手柄（尾架上方的）。
（2）拆下手轮及连接着的螺杆。
（3）拆除顶尖,拆下套筒。
注：键、销、垫片、弹簧等小部件也要拆下来。

想一想

尾座可能出现的故障及故障的原因和维修方法：

(1)尾座与主轴不同心。

原因：尾座磨损严重或机床导轨磨损得厉害。

维修方法：刮研导轨,按主轴的中心将尾座垫起来使尾座的中心高和主轴一致,这样就不用每次都调,否则只能动一次尾座调整一次了。

(2)尾座不能沿床身移动。

原因：手柄锁上了或尾座与导轨摩擦力过大。

维修方法：打开手柄,给尾座与导轨接触的地方上油。

(3)尾座没有纵向进给。

原因：①可能螺杆没安好；②螺杆坏了；③尾座支承零件不可靠。

维修方法：①再拆开安装；②换新的。

匠心筑梦

大国工匠——李万君

一把焊枪,一双妙手,他以柔情呵护复兴号的筋骨；千度烈焰,万次攻关,他用坚固为中国梦提速。那飞驰的列车,会记下他指尖的温度,他就是中车长春轨道客车股份有限公司电焊工李万君。

李万君先后参与了我国几十种城铁车、动车组转向架的首件试制焊接工作,总结并制订了30多种转向架焊接规范及操作方法,技术攻关150多项,其中27项获得国家专利。他的"拽枪式右焊法"等30余项转向架焊接操作方法,累计为企业节约资金和创造价值8000余万元。

所获荣誉：全国劳模、全国优秀共产党员、全国五一劳动奖章、全国技术能手、中华技能大奖、2016年度"感动中国"十大人物、吉林省特等劳模。

添 加 记 录

项目二 铣床的认知与实践

任务一 主轴变速箱拆卸

步骤1 主轴箱结构拆装

知识链接

主轴箱结构

X6132A型万能卧式铣床主轴箱与床身做成一体,支承并容纳主轴、各传动轴及操纵机构,如图2-1-1所示。主轴箱中,主轴和各传动轴布置在一个竖直的平面上,并且箱体上各轴承孔都镗成通孔,这样安排的目的是使床身大件加工简单、装配方便。各传动轴都用径向滚动轴承作为支撑(一端固定、一端游动的支承方式):左端轴承外环和孔之间,用孔用弹性挡圈夹轴承外环作轴向固定;左、右两端轴承内环和轴之间,一面靠在轴肩上,另一面用轴用弹性挡圈夹轴承内环将其固定在轴上。右端轴承外环和孔之间,轴向不加以固定,允许轴受热后右端自由伸长。这样的支承结构简单,装配也比较方便。

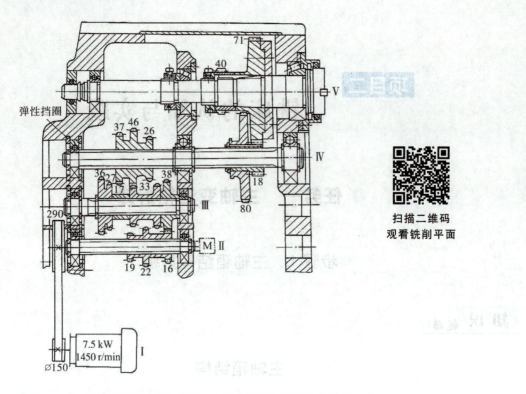

图 2-1-1 X6132A 型万能卧式铣床主轴变速箱传动系统结构图

常用工具

(1) 百分表及磁性表座,数量 1,用途:测量主轴、导轨精度。

(2) 可调 V 形等高块,数量 2,用途:测量主轴精度。

(3) 工具圆锥量规,锥度 7:24,数量 1,用途:主轴内锥孔接触测量。

(4) 工具圆锥量棒,锥度 7:24,测量部分长 300 mm,数量 1,用途:主轴精度测量。

(5) 平板,500 mm×800 mm,数量 1。

(6) 水平仪,0.02/1000,数量 2,用途:床身、升降台、溜板导轨精度测量。

(7) 平板,750 mm× 1000 mm,数量 1。

(8) 直尺,数量 1,用途:刮研工作台导轨。

(9) 检验桥板,数量 1,用途:测量床身导轨精度。

(10) 测量用 90°角尺,300 mm 直角边,数量 1。

(11) 平板,300 mm×300 mm,数量 1。

故障排除

普通铣床的主轴变速箱变速手柄扳力超过 200 N 或扳不动的故障原因及排除方法有哪些?

(1) 竖轴手柄与孔"卡死"。应拆下,修去毛刺,加润滑油。

(2)扇形齿轮与其啮合的齿条卡住。应调整啮合间隙至 0.15 mm 左右。

(3)拨叉移动轴弯曲或"卡死",应校直、修光或更换新轴。

(4)齿条轴未对准孔盖上的孔眼。应先变换其他各级转速或左右微动变速盘,调整星轮的定位器弹簧,使其定位可靠。

1. X6132 铣床控制箱的主要作用是什么?
2. 铣床修理前应做好哪些准备工作?

步骤 2 主轴组件拆装维护

知识链接

主轴组件

主轴的作用是安装和带动铣刀旋转。由于铣削是断续切削,切削力周期变化容易引起振动,所以要求主轴有较高的刚性和抗振性。主轴组件的结构如图 2-1-2 所示。

调整轴承间隙时,要移开悬梁,拆下盖板,松开锁紧螺钉 3,然后用专用扳手钩住锁紧螺母 11,利用端面键 8 顺时针方向扳动主轴,通过螺母 11 使中间轴承 4 的内圈向右移动,以消除间隙;并使主轴左移,前轴承 6 的内圈被主轴轴肩带动也左移,从而消除了轴承 6 的间隙。调整后要拧紧螺钉 3,并保证主轴在最高转速下运转 1 h,轴承温度不超 60 ℃。

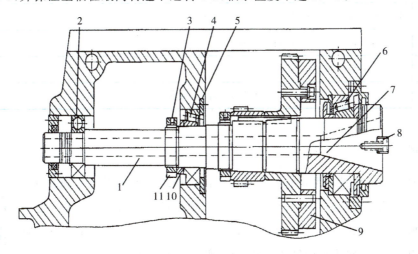

1—主轴;2—后支承轴承;3—锁紧螺钉;4—中间支承轴承;5—轴承盖;6—前支承轴承;
7—主轴前锥孔;8—端面键;9—飞轮;10—隔套;11—螺母。

图 2-1-2 X6132A 型万能卧式铣床主轴装配图

主轴采用三支承结构,前支承和中间支承为主要支承,后支承为辅助支承。前支承采用D级精度的圆锥滚子轴承4,用以承受径向力和向左的轴向力。中间支承采用E级精度的圆锥滚子轴承3,承受径向力和向右的轴向力。后支承用G级精度的单列向心球轴承1,仅承受径向力。主轴的工作精度主要由前支承和中间支承保证,后支承只起辅助作用。

主轴是一根空心阶梯轴,其前端有锥度为7:24的精密定心锥孔和精密定心外圆柱面,用来安装铣刀刀杆的柄部或端铣刀。主轴前端的端面上装有两个矩形端面键5,用于嵌入铣刀柄部的缺口中,以传递扭矩。由于锥度为7:24的锥孔不具有自锁性能,所以装入主轴锥孔内的刀柄必须用拉杆通过主轴中心通孔进行拉紧,如图2-1-3所示。

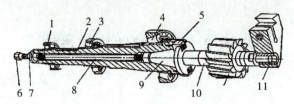

1—后支承轴承;2—主轴;3—中间支承轴承;4—前支承轴承;5—端面键;
6—拉杆螺母;7—锁紧螺母;8—拉杆;9—刀柄;10—刀杆;11—挂架衬套。

图2-1-3 X6132A型万能卧式铣床主轴装配图

主轴部件拆装步骤见表2-1-1。

表2-1-1 主轴部件拆装步骤

序号	拆装实施步骤
1	移开床身顶部的悬梁,拆下机床盖板
2	把端盖的螺丝旋出,取下端盖
3	取下砂轮盖的螺丝及砂轮盖,旋出径向螺钉
4	取下前后各三块短三瓦,拆下主轴组件
5	清洗拆下来的零件,去毛刺
6	按照与上述拆卸步骤相反的顺序,先拆的后安装,将主轴部件装配起来

主轴装配

由于主轴是第一修理基准,因此,在其他各部件修理之前就需将主轴部件装配好。主轴的修理质量和装配质量直接影响到其他各部件的修理质量。主轴装配的关键是装配好前、中轴承。通常比较可靠的做法是采用定向装配法。定向装配法的实质是根据误差补偿原则,将主轴前轴颈的高点(或低点)与前轴承内环的低点(或高点)配合,从而补偿锥孔中心的径向圆跳动误差。而主轴的高点(或低点)对应中

扫描二维码
观看铣床

轴承的高点(或低点),从而补偿主轴定心轴颈的径向圆跳动误差。

另一种比较简单的方法是随意装配法。这种方法不讲究主轴、轴承的高低点配合,装配后,若精度超差,采用修研内锥孔的办法来修正。这种方法虽然简单易行,但精度保持性差。

检验主轴的轴向窜动。

检验工具:百分表、专用检验芯棒。

检验方法:如图 2-1-4 所示,将百分表插入主轴锥孔内的专用检验芯棒端面中心处,缓慢旋转主轴进行检验,百分表读数的最大差值即为主轴的轴向窜动误差。

常用铣床主轴的轴向窜动允差为 0.01 mm。主轴的轴向窜动误差过大,加工时会产生较大的振动,加工尺寸易控制不准。

轴向窜动误差过大,如果是由轴承调整太松引起的,可以通过调整主轴轴承的间隙来达到精度要求;如果是由主轴磨损造成的,则需要修磨主轴甚至要更换主轴。

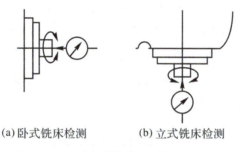

(a)卧式铣床检测　　(b)立式铣床检测

图 2-1-4　主轴的轴向窜动量测量示意图

1. X6132 铣床主轴转速不稳定的故障原因及排除方法有哪些?
2. 铣床空运转试验前应做好哪些准备工作?

大国工匠——李云鹤

风刀沙剑,面壁一生。洞中一日,笔下千年! 62 载潜心修复,86 岁耕耘不歇。以心为笔,以血为墨,让风化的历史暗香浮动,绚烂重生,他就是敦煌研究院原副所长李云鹤。

倾心一件事,干了一辈子。已经 80 余岁高龄的李云鹤,仍坚守在文物修复保护第一线,被誉为我国"文物修复界泰斗"。他是国内石窟整体异地搬迁复原成功的第一人,也是国内运用金属骨架修复保护壁画获得成功的第一人。他修复壁画近 4000 平方米,修复塑像 500 余身,取得了多项研究成果,其中"筛选壁画修复材料工艺"荣获全国科学大会成果奖,"莫高窟 161 窟起甲壁画修复"荣获文化部科技成果一等奖。

所获荣誉:甘肃省"陇原工匠"、甘肃省五一劳动奖章。

▶ 任务二　孔盘变速操纵机构拆卸

知识链接

X6132A 型万能卧式铣床的主运动和进给运动的变速操纵机构都采用了孔盘变速操纵机构来控制。孔盘变速操控机构控制三联滑移齿轮的工作原理如图 2-2-1 所示。

拨叉 1 固定在齿条轴 2 上,齿条轴 2 和 2′与齿轮 3 啮合。齿条轴 2 和 2′的右端是具有不同直径 D 和 d 的圆柱体阶梯轴。孔盘上对应齿条轴 2 和 2′的位置加工了 φD 大孔和 φd 小孔及未加工孔,根据变速的需要,加以调配。

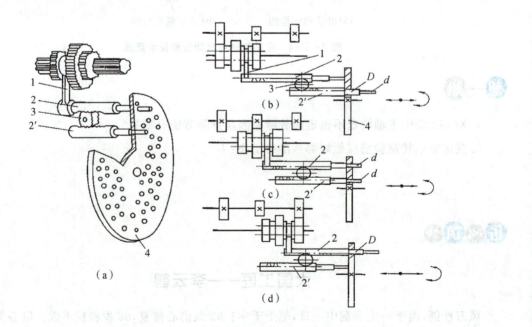

1—拨叉;2,2′—齿条轴;3—齿轮;4—孔盘。

图 2-2-1　孔盘变速操控机构控制三联滑移齿轮

变速时,先将孔盘右移,和齿条轴2和2′脱离接触,然后根据变速要求,转动孔盘一定的角度,再使孔盘左移复位。孔盘在复位过程中,可通过孔盘上对应齿条轴处为大孔、小孔、无孔的不同状态,而使滑移齿轮获得左、中、右3种不同的位置,从而达到变速的目的。

三联滑移齿轮的3种工作状态:

(1)孔盘上对应齿条轴2的位置上无孔,而对应齿条轴2′的位置开大孔。孔盘复位时,向左顶齿条轴2,并通过拨叉1将三联滑移齿轮推到左位。齿条轴2′则在齿条轴2及小齿轮3的共同作用下右移,台阶D穿过孔盘上的大孔,为下一步的变速做准备,见图2-2-1(b)。

(2)孔盘对应齿条轴2和2′的位置均为小孔,孔盘复位时,两齿条轴均被孔盘推到中间位置,从而控制拨叉1拉动滑移齿轮到中位,见图2-2-1(c)。

(3)孔盘上对应齿条轴2的位置是大孔,对应齿条轴2′的位置无孔。孔盘复位时,推动齿条轴2′左移,通过小齿轮3使齿条轴2右移,从而控制拨叉1拉动滑移齿轮到右位,见图2-2-1(d)。

对于双联滑移齿轮,两根齿条轴只需一个台阶,孔盘上(对应有孔/无孔)即可完成滑移齿轮左右两个工作位置的定位。

X6132A型万能卧式铣床的主运动传动链中有两个三联滑移齿轮和一个双联滑移齿轮需要调控,它们共用一块孔盘控制三组双齿条轴,使主轴获得了18级转速。在孔盘上划分了3组直径不同的同心圆圆周,每个圆周又划分18等分,分别加工控制孔,从而孔盘每转20°就可改变一种主轴转速。

这种变速操控机构的优点是可以从任何一种速度直接变到另一种速度,而不需要经过中间的一系列速度,因此变速很方便,被称为"超级变速机构"。其缺点是结构比较复杂。

故障排除

普通铣床易损件有哪些?通常采用哪些工艺方法修复?

普通铣床主要磨损件及修复方法:

(1)主轴易损部位内锥孔,修复方法:以前、中轴颈为基准修磨内锥孔,当主轴发生弯曲变形或裂痕时,应予更新。

(2)三联滑移齿轮易损部位花键、齿牙,修复时损坏率较高,一般换新件。

(3)传动轴易损部位轴颈,修复方法:更新。

(4)进给丝杠螺母副易损部位螺母、丝杠牙形螺距,修复方法:一般丝杠螺母副,可使用修丝杠,配作螺母或更换新件;滚珠丝杠螺母副,一般寿命较长,作间隙调整后可继续使用,严重磨损时换新件。

(5)电磁离合器,齿式离合器易损部位摩擦片、衔铁,修复方法:更换新件。

(6)刀杆支架孔易损部位轴承套或孔,修复方法:修孔,换轴承套。

(7)前、中轴承易损部位轴承滚道滚珠,修复方法:换新轴承。

(8)刻度盘易损部位刻度，修复方法：修整刻度，表面镀铬换新。

普通铣床进给箱正常进给时突然跑快的故障原因及排除方法有哪些？

故障原因及排除方法如下：

(1)摩擦片调整不当，正常进给时处于半合紧状态。应适当调整摩擦片间的间隙。

(2)快速和工作进给的互锁动作不可靠。应检查电气线路的互锁性并加以修复。

(3)摩擦片润滑不良，突然出现咬死。应改善摩擦片之间的润滑，保持一定的润滑油量。

(4)电磁衔铁安装不正，电磁铁断电后不能可靠松开，使摩擦片间仍有一定压力。应检查调整电磁离合器安装位置，使其动作可靠正常。

1.铣削时振动很大的原因有哪些？

2.在全程内手摇动工作台纵向移动时松紧不均匀，是什么原因？

大国工匠董礼涛：以匠心驻守"中国创造"

"加工出来的产品要像工艺品一样，精致完美。"

从普通一线工人到知名技能专家，从攻克技术瓶颈到步入行业领先水平，从担当企业责任到肩负国家使命，董礼涛走过了近30年路程。他要将铣削加工作为自己不懈奋斗的出发点，在助推我国制造业高质量发展的征程上稳步前行。

他，27岁成为高级技师，创下了当时公司年龄最小高级技师的纪录；他，参与加工制造国产首台30 MW燃气增压机组，摘取装备制造业"皇冠上的明珠"；他，先后有120余项技术攻关应用到生产实践中，创造了数以千万计的经济效益……他是董礼涛，哈尔滨汽轮机厂有限责任公司军工事业部的一名铣工。

1989年，从哈尔滨汽轮机技校毕业的董礼涛成为一名铣工学徒。他每天干的就是用铣刀对各种零部件进行平面、沟槽、孔洞的加工。生于平凡，却不甘于平凡。当时加工要求是将孔洞形位误差控制在 0.2 mm 以内,董礼涛却想,能不能将它控制在 0.02 mm 以内。

为了实现这个在别人看来是"野心"的"小目标",他利用各种休息时间,捧着书本仔细钻研,趴在铣床上反复琢磨。他提出了一些令师傅都认为大胆的、非常规的加工方法,正是这些"奇思妙想"提高了工作效率和产品质量。

任务三　工作台及顺铣机构拆卸

知识链接

1. 铣床工作台

X6132A 型万能卧式升降台铣床工作台结构如图 2-3-1 所示。

床鞍 1:与升降台用矩形导轨(图中未画出)相配合,使工作台在升降台导轨上做横向移动。工作台不做横向移动时,可通过手柄 13 经偏心轴 12 的作用将床鞍夹紧在升降台上。

回转盘 2:左端安装有双螺母结构,右端装有带端面齿的空套锥齿轮。

工作台 6:可沿回转盘 2 上的燕尾形导轨作纵向移动。工作台 6 连同回转盘 2 一起可绕锥齿轮的轴线 XⅧ 回转 ±45°,并可利用螺栓 14 和两块弧形压板 11 将它们固定在床鞍 1 上。

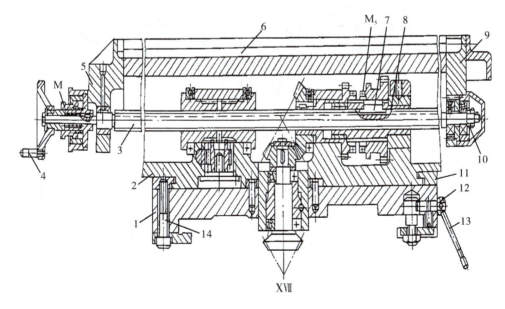

1—床鞍;2—回转盘;3—纵向进给丝杠;4—手轮;5—前支架;6—工作台;7—滑键;8—花键套筒;9—后支架;10—螺母;11—压板;12—偏心轴;13—手柄;14—螺栓。

图 2-3-1　X6132A 型万能卧式升降台铣床工作台结构

纵向进给丝杠 3:一端通过滑动轴承支承在前支架 5 上,另一端通过圆锥滚子轴承和推力球轴承支承在后支架9上。轴承的间隙可通过螺母10进行调整。纵向进给丝杠3的左端空套有手轮4,将手轮向前推进,压缩弹簧使端面齿离合器啮合,便可手摇工作台纵向移动。纵向进给丝杠3的右端有带键槽的轴头,可以安装配换交换齿轮,用于与分度头连接。

离合器M5:用花键与花键套筒8相连,而花键套筒8又通过滑键7与铣有长键槽的进给丝杠相连。因此,当M5左移与空套锥齿轮的端面齿啮合,轴 XVIII 的运动就可由锥齿轮副、离合器M5、花键套筒8、滑键7传至进给丝杠,使其转动。由于双螺母既不能转动也不能轴向移动,所以丝杠在旋转的同时又做轴向移动,从而带动工作台6做纵向进给。

2. 顺铣机构

铣床在进行切削时,如果进给方向与切削力F的水平分力F_x方向相反,称为逆铣(图2-3-2(a));如果进给方向与切削力F的水平分力F_x方向相同,称为顺铣(图2-3-2(b))。

丝杠螺母机构使用一定时间后,由于磨损会产生间隙。当铣床采用顺铣加工工件时,水平方向的切削分力与进给方向的一致,会使工作台产生窜动,甚至"打刀"。为了解决顺铣时工作台轴向窜动的问题,X6132A型铣床工作台采用了双螺母机构(顺铣机构),如图2-3-3所示。

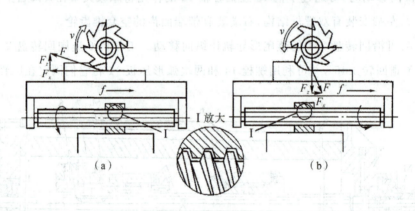

图2-3-2 顺铣和逆铣

冠状齿轮4与左螺母1和右螺母2的齿面同时啮合。齿条5在压弹簧6的作用下右移,使冠状齿轮4按箭头方向旋转,并通过左螺母1和右螺母2的外圆齿轮使两者做相反方向转动(图2-3-3中箭头所示),从而使左螺母1的螺纹左侧与丝杠螺纹右侧靠紧,右螺母2的螺纹右侧与丝杠螺纹左侧靠紧,达到自动消除间隙的目的,保证顺铣过程不会产生窜动现象。

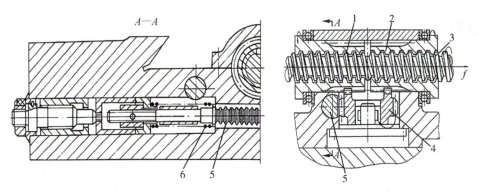

1—左螺母;2—右螺母;3—丝杠;4—冠状齿轮;5—齿条;6—压弹簧。

图 2-3-3 铣床的顺铣机构

X6132A 型万能升降台铣床的顺铣机构还能在逆铣过程中使螺母略微自动松开,以减少丝杠螺母间的磨损。工作原理如下:逆铣时,丝杠 3 的进给力由右螺母 2 承受,两者之间产生较大的摩擦力,因而使右螺母 2 有随丝杠 3 一起转动的趋势,从而通过冠状齿轮 4 使左螺母 1 产生与丝杠 3 反向旋转的趋势,使左螺母 1 螺纹左侧与丝杠螺纹右侧脱开,减少丝杠接触面的磨损。

铣床工作台拆装步骤见表 2-3-1。

表 2-3-1 铣床工作台拆装步骤

序号	拆装实施步骤
1	工作台左端拆卸: ①卸下纵向手轮; ②卸下螺母、刻度盘; ③松开紧定螺钉,卸下离合器; ④扳直止动垫圈,松开两个紧固螺母; ⑤拆下垫圈和推力轴承; ⑥卸下左支承板
2	工作台右端拆卸: ①卸下防护罩; ②去除定位销后卸下螺母; ③拆下推力轴承; ④卸下右支承板
3	逆时针旋下纵向丝杠
4	拆下纵向导轨镶条
5	卸下工作台
6	按照与上述拆卸步骤相反的顺序装配与调整,先调整好纵向导轨间隙再装配纵向丝杠,最后对纵向丝杠间隙再进行调整

检验卧式铣床主轴回转轴线对工作台台面的平行度。

检验工具:检验平板、专用检验芯棒、百分表。

检验方法:如图2-3-4所示,使工作台处于纵向和横向行程的中间位置。在工作台台面上放一检验平板,将百分表底座(无磁性)放在该平板上,并使百分表测头顶在插入主轴锥孔中的专用检验芯棒上母线的最高点上,记取 a、b 两处读数的差值。将主轴转动180°后再检测一次。取两次读数差值的平均值,即为卧式铣床主轴回转轴线对工作台台面的平行度误差。

常用卧式铣床主轴回转轴线对工作台台面的平行度公差为 0.03 mm,检验芯棒的伸出端只许下垂。卧式铣床主轴回转轴线对工作台台面的平行度误差过大,会影响零件加工面的平行度,若横向做二次进给,则会产生明显的刀痕。卧式铣床主轴回转轴线对工作台台面的平行度误差过大时,一般利用调整轴承间隙来达到精度要求。

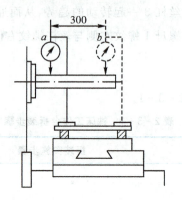

图 2-3-4 主轴回转曲线对工作台台面的平行度误差测量示意图

X6132铣床进给变速箱出现周期性噪声和响声的故障原因及排除方法有哪些?

故障原因和排除方法如下:

(1)齿轮齿面出现毛刺和凸点。应检查修理齿面毛刺和凸点,调整齿轮装置位置,保持齿轮的正确啮合。

(2)电动机轴和传动轴弯曲引起齿轮啮合不良。应检查、校直传动轴,修复电动机主轴。

(3)电动机转子和定子不同轴,引起磁力分布不匀。可单独调试电动机,检查转子和定子是否同轴,其同轴度误差不得大于 0.05 mm。

(4)钢球保险离合器的调整螺母上定位销未压紧。应将定位螺杆销可靠固定到位,并用钢丝固定。

1. 为什么要设置顺铣机构？
2. 顺铣和逆铣的区别有哪些？

【匠心匠魂】沪东船厂三代工匠焊铸大国重器 创多个"第一"

电焊工，虽说是将船体钢板件焊接在一起，但却影响到整艘轮船的质量。

在沪东中华造船（集团）有限公司（简称沪东船厂），有这样三代电焊工，一位是行业内号称"焊神"的张翼飞，一位是40岁不到却被称为中国殷瓦焊接第一人的秦毅，还有一位则是全国技术能手张冬伟。

何为"工匠精神"？不同的人有不同的答案。对沪东船厂的电焊工而言，可能是"一辈子只干一件事的专注。"不仅如此，他们也注重技艺传承，使得船舶焊接这门手艺实现"无缝衔接"。

工匠精神是一种工作态度，严谨、认真的精神，这是对各行业而言的。就焊接而言，比如将两张板焊接起来，虽然过程简单，但若动作完全规范，也不是容易的事。我觉得，这也是一种工匠精神，不用刻意与机械操作比较。比如在大船的制作过程中，多段合拢容易产生误差。一旦条件发生变化，机器有时很难应对。所以，机械化可能只是满足大多数要求，很多地方是机器无法替代的。对焊工而言，创新是一回事，但也不能忽略基础和规矩。做事是这样，人生更是这样。

任务四　工作台的进给操控机构拆卸

知识链接

工作台的进给操控机构

1. 工作台纵向进给操控机构

X6132A 型万能卧式升降台铣床工作台纵向进给操控机构如图 2-4-1 所示，由手柄 23 来控制，在接通离合器 M_5 的同时，压动微动开关 S_1 或 S_2，使进给电动机正转或反转，实现工作台的向右或向左的纵向进给运动。

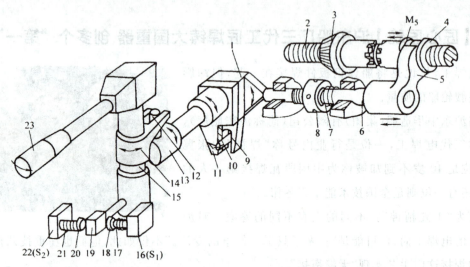

1—凸块；2—纵向丝杠；3—空套锥齿轮；4—离合器 M_5 右半部分；5—拨叉；6—拨叉轴；8—调整螺母；
7,17,21—弹簧；9,14—拨动块；10,12—销子；11—摆块；13—套筒；15—垂直轴；16—微动开关 S_1；
18,20—可调螺钉；19—压块；22—微动开关 S_2；23—手柄。

图 2-4-1　工作台纵向进给操控机构

当手柄 23 在中间位置时，凸块 1 顶住拨叉轴 6，使其右移，离合器 M_5 无法啮合，使进给运动断开。同时弹簧 7 受压。此时，手柄 23 下部的压块 19 也处于中间位置，使控制进给电动机正反转的微动开关 16(S_1) 及微动开关 22(S_2) 均处于放松状态，从而使进给电动机电路不接通而停止转动。

把手柄 23 向右扳动时，压块 19 也向右摆动，压动微动开关 16，使进给电动机正转。同时，手柄中部叉子 14 逆时针方向转动，并通过销子 12 带动套筒 13、摆块 11 及固定在摆块 11 上的凸块 1 转动翘起，使其突出点离开拨叉轴 6，从而使拨叉轴 6 及拨叉 5 在弹簧 7 的作用下左移，

拉动端面齿离合器 M_5 右半部 4 左移,与左半部啮合,接通工作台向右的纵向进给运动。

把手柄 23 向左扳动时,压块 19 也向左摆动,压动微动开关 22,使进给电动机反转。此时,凸块 1 顺时针方向转动而下垂,同样不能顶住拨叉轴 6,离合器 M_5 的左、右半部同样可以啮合,接通工作台向左的纵向进给运动。

2. 工作台横向和垂直进给操控机构

X6132A 型万能卧式升降台铣床工作台横向和垂直进给操纵机构如图 2-4-2 所示。手柄 1 有上、下、前、后及中间 5 个工作位置,用于接通或断开横向和垂直进给运动。

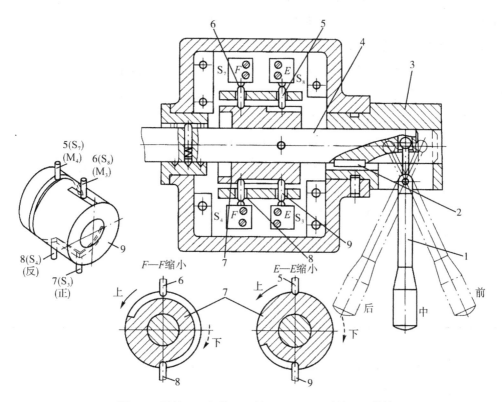

1—手柄;2—平键;3—毂体;4—轴;5,6,7,8—顶销;9—鼓轮。

图 2-4-2 工作台横向和垂直进给操控机构

顶销 6 顶起,接通微动开关 S_8,M_3 啮合,垂直进给。

顶销 5 顶起,接通微动开关 S_7,M_4 啮合,横向进给。

顶销 8 压下,接通开关 S_4,电机反转,向后或向上进给。

顶销 7 压下,接通开关 S_3,电机正转,向前或向下进给。

前后扳动手柄 1,可通过手柄 1 前端的球头带动轴 4 及与轴 4 用销连接的鼓轮 9 做轴向移动;上下扳动手柄 1,可通过毂体 3 上的扁槽、平键 2、轴 4 使鼓轮 9 在一定角度范围内来回转动。

在鼓轮 9 两侧安装着 4 个微动开关,其中 S_3 和 S_4 用于控制进给电动机的正转和反转;S_7

用于控制电磁离合器 M_4 得电或失电；S_8 用于控制电磁离合器 M_3 得电或失电。在鼓轮 9 的圆周上，加工出带斜面的槽（见图 2-4-2 中 $E—E$、$F—F$ 截面及立体简图）。鼓轮 9 在移动或转动时，可通过槽上的斜面使顶销 5、6、7、8 压动或松开微动开关 S_7、S_8、S_3、S_4，从而实现工作台前、后、上、下的横向或垂直进给运动。

向前扳动手柄 1 时，鼓轮 9 向左移动，顶销 7 被鼓轮上的斜面压下，作用于微动开关 S_3，使进给电动机正转。与此同时，顶销 5 脱开凹槽，处于鼓轮 9 的圆周上，作用于微动开关 S_7，使横向进给电磁离合器 M_4 通电、压紧工作，从而实现工作台向前的横向进给运动。

向后扳动手柄 1 时，鼓轮 9 向右轴向移动，顶销 8 被鼓轮 9 上的斜面压下，作用于微动开关 S_4，使进给电动机反转。此时顶销 5 仍处于鼓轮圆周上，压下微动开关 S_7，电磁离合器 M_4 通电工作，实现工作台向后的横向进给运动。

向上扳动手柄 1 时，鼓轮 9 逆时针方向转动，顶销 8 被鼓轮 9 的上斜面压下，作用于微动开关 S_4，进给电动机反转，同时顶销 6 处于鼓轮 9 的圆周表面上，从而压动微动开关 S_8，使电磁离合器 M_3 吸合。这样就使升降台带动工作台向上移动。

向下扳动手柄 1 时，鼓轮 9 顺时针方向转动，顶销 7 被鼓轮 9 的上斜面压下，作用于微动开关 S_3，进给动机正转，顶销 6 仍处于鼓轮 9 的圆周表面上，从而压动微动开关 S_8，使电磁离合器 M_3 吸合，从而使升降台带动工作台向下移动。

当操作手柄 1 处于中间位置时，顶销 7、8 均位于鼓轮 9 的凹槽中，微动开关 S_3、S_4 都处于放松状态，进给电动机不运转。同时，顶销 5、6 也均位于鼓轮 9 的槽中，放松微动开关 S_7 和 S_8，使电磁离合器 M_3 和 M_4 均处于失电不吸合状态，故工作台的横向和垂向均无进给运动。

铣床进给变速箱的拆装与调整步骤见表 2-4-1。

表 2-4-1 铣床进给变速箱拆装与调整步骤

序号	拆装实施步骤
1	从升降台的左侧卸下进给变速箱
2	卸下油管和分油器
3	松开各滑动轴承定位螺钉
4	按照从上往下、由外向内的原则依次卸下各轴及齿轮
5	清洗、去毛刺
6	按照与上述拆卸步骤相反的顺序装配各轴及齿轮，并进行润滑
7	装配完成
8	调整各齿轮啮合位置，并旋紧滑动轴承定位螺钉
9	装上分油器和油管
10	进给变速箱复位

检验工作台纵向和横向移动的垂直度。

检验工具:角尺、百分表。

检验方法:如图 2-4-3 所示,锁紧升降台,使工作台处于行程中间位置,将 90°角尺置于工作台台面中间位置,并使 90°角尺的一个检测面与工作台运动的横向(或纵向)平行。把百分表固定在主轴箱上,使百分表测头垂直触及角尺的另一个检测面,纵向(或横向)移动工作台,记录百分表读数,其读数最大差值即为工作台垂直度误差。在 300 mm 的测量长度上垂直度允差为 0.02 mm。若超过允差,则会影响两相互垂直的加工面加工后的垂直度。此外,若夹具的定位面与横向平行,则用纵向进给铣削出来的沟槽和工件侧面会与基准面不垂直。如工作台纵向和横向移动的垂直度超差,应通过刮削导轨来达到精度要求。

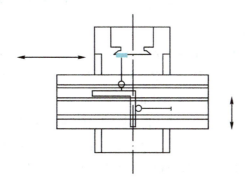

图 2-4-3 工作台纵向和横向移动的垂直度误差测量示意图

普通铣床工作台进给时发生窜动的故障原因及排除方法有哪些?

故障原因及排除方法如下:

(1)切削力过大或切削力波动过大。应采用适当的切削余量,更换磨钝的刀具,避免断续切削,去除切削硬点。

(2)丝杠与螺母之间的间隙过大(使用普通丝杠螺母副)。应调整丝杠与螺母的间隙,使其大小合适。

(3)丝杠两端端架上的超越离合器与轴架端面间的间隙过大(使用滚珠丝杠副)。应调整丝杠轴向定位间隙,使其大小合适。

1.普通铣床工作台下滑板横向移动手感过重的故障原因及排除方法有哪些?

2.普通铣床升降台上摇手感过重的故障原因及排除方法有哪些?

国家级技能大师姜涛

姜涛：干好一件事，就会有收获！

航天十院贵州航天天马公司材料成型部钳焊一班班长姜涛，30年的焊花璀璨人生，从一名普通的焊工到特级技师，姜涛说："干好一件事，就会有收获！"

祖籍在北方的姜涛，因为父母支援三线建设来到贵州。从17岁进入航天军工企业，秉承"国家利益高于一切"的价值观，不断学习、不断挑战自己，原本只有初中文凭的他，获评"全国技术能手""全国五一劳动奖章"，享受国务院政府特殊津贴。

初进工厂时，姜涛的师傅只带了他不到两个月便回去了。为了练习手握焊枪的稳定性，他手绑沙袋进行训练，并保证每天焊接钢板达到6个小时。就是在这股苦练的劲头下，他进厂7个月就取得了压力容器焊接合格证，顺利转正。

一步一个脚印，一走就是30年，2013年，国家人力资源和社会保障部以焊工姜涛的名字命名，成立了"姜涛国家级技能大师工作室"。姜涛以自己扎实的工作作风、过硬的技术本领，影响带动着身边的每一位同志。30年兢兢业业，30年焊花灿烂，姜涛这一生，手执焊枪只做了一件事，但却做到极致。

任务五　万能分度头应用

万能分度头等分角度的工具

1. 分度头的用途

（1）使工件周期地绕自身轴线回转一定角度，完成等分或不等分的圆周分度工作，如加工方头、六角头、齿轮、花键，以及刀具的等分或不等分刀齿等。

（2）通过配换挂轮，由分度头使工件连续转动，并和工作台的纵向进给运动相配合，以加工螺旋齿轮、螺旋槽和阿基米德螺旋线凸轮等。

（3）用卡盘夹持工件，使工件轴线相对于机床工作台倾斜一定角度，以加工与工件轴线相交成一定角度的平面、沟槽、直齿锥齿轮等。

2. 分度头的分类

分度头有直接分度头、万能分度头和光学分度头等类型,其中以万能分度头最为常用。

常见的万能分度头有 FW125、FW200、FW250、FW300 等几种,代号中 F 代表分度头,W 代表万能型,后面的数字代表最大回转直径,其单位为 mm。

3. FW250 型万能分度头的外形和结构

FW250 型万能分度头如图 2-5-1 所示。

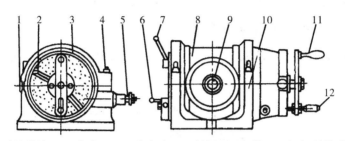

1—紧固螺钉;2—分度叉;3—分度盘;4—螺钉;5—侧轴;6—蜗杆脱落手柄;
7—主轴锁紧手柄;8—回转体;9—主轴;10—底座;11—分度手柄;12—分度定位插销。

图 2-5-1　FW250 型万能分度头的外形和结构

分度头主轴 9 是空心轴,两端均为锥孔,前锥孔可装入顶尖(莫氏 4 号),后锥孔可装入心轴,以便在差动分度时安装挂轮,把主轴的运动传给侧轴可带动分度盘旋转。主轴前端还有一个定位锥面,起到为三爪定心卡盘定位和安装的作用。

主轴 9 安装在回转体 8 内。回转体 8 以两侧轴颈支承在底座 10 上,并可绕其轴线沿底座 10 的环形导轨转动,使得主轴轴线可以在水平线以下 6°至水平线以上 90°范围内调整倾斜角度,调整到位后用螺钉 4 将回转体 8 锁紧。

手柄 7 用于锁紧或松开主轴:分度时松开;分度后锁紧,以防在铣削时主轴松动。

另一手柄 6 是控制蜗杆的手柄,它可以使蜗杆和蜗轮连接或脱开(即分度头内部的传动结合或切断),在切断传动时,可用手直接转动分度头的主轴。

分度盘 3 在若干不同圆周上均匀分布着数目不同的孔圈,如图 2-5-2 所示。

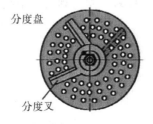

图 2-5-2　分度盘

FW250 型分度头备有两块分度盘,其各圈孔数如下:

第一块　　　　　　　　　　正面：24、25、28、30、34、37；
　　　　　　　　　　　　　反面：38、39、41、42、43。
第二块　　　　　　　　　　正面：46、47、49、51、53、54；
　　　　　　　　　　　　　反面：57、58、59、62、66。

分度时，拔出插销12，转动分度手柄11，经传动比为1∶1的齿轮和1∶40的蜗杆蜗轮副，可使主轴回转到所需位置，然后再把插销12插入所对的孔圈中。插销12可在分度手柄11的长槽中沿分度盘径向调整位置，以使插销12能插入不同孔数的孔圈中。

4. FW250型万能分度头的传动系统

FW250型万能分度头的传动系统如图2-5-3所示，图中各部件名称见图2-5-1。

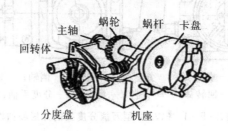

图2-5-3　分度头传动系统

主轴上固定有齿数为40的蜗轮，与之相啮合的蜗杆的头数为1。当拔出定位销，转动分度手柄时，通过一对传动比为1∶1的齿轮副传动，使蜗杆转动，从而带动蜗轮（主轴）进行分度。

由其传动关系可知，当分度手柄转动一周时，主轴转动1/40周（等于9°）；或分度手柄转过的转数等于40倍的主轴（工件）转数。

例如：工件的等分数为Z，则每次分度时，工件应转过$1/Z$周，因此，分度手柄每次需转$n=40/Z$周。

【例2-1】在工件的某一圆周上均匀分布的8个孔，试求每划完一个孔的位置后，手柄应转多少圈？

解：$n=40/Z=40/8=5$（转）

即每划完一个孔的位置后，手柄应转5圈再划另一个孔的位置。

（当计算结果n不是整数时，如何划分？）

【例2-2】如要将一圆周12等分，手柄需转多少圈？

解：$n=40/Z=40/12=3$（转）

对于手柄转过的整数转是容易控制的，剩下来的1/3转则需要换算。

如果分度盘上有一圈3个孔的孔圈时，问题就很容易解决了。即再转过一个孔就是1/3转。如没有，则需要把1/3扩大整数倍，使扩大后的分母，符合分度盘上22圈小孔圈上的某一圈的孔数值。分子扩大相同倍数后的数值，即为在该圈上应转过的孔距数。

现分度盘有一圈孔数为30,可将1/3的分子与分母同时扩大10倍,即10/30。将手柄在30个孔的孔圈上,转3圈后再转10个孔,然后将上面的分度销插入即可。

【例2-3】铣一个35个齿的齿轮,计算分度手柄每次分度时,应转过的转数。

解:$n = \dfrac{40}{Z} = \dfrac{40}{35} = 1$(转)。

查看分度盘孔数,是7的整倍数的孔圈有28孔。即可用1/7乘以4/4得:4/28。

利用28孔圈将手柄转1圈后再转4个孔即可。

操作要领

为了避免每次数孔的烦琐及确保手柄转过的孔数可靠,可调整分度盘上的两块分形夹之间的夹角,使之等于欲分的孔间距数,这样依次进行分度时就可以准确无误。

(1)分度头蜗杆和蜗轮的啮合间隙要调整得适当,过紧易使蜗轮磨损,过松会使分度精度下降。间隙一般应保持在0.02~0.04 mm。

(2)在分度头上夹持工件时,最好先锁紧分度头主轴。紧固时用力不要过猛过大,切忌用力敲打工件。

(3)分度时,一般是沿顺时针方向摇,在摇动过程中,尽可能要匀速且均匀。一旦过位则应将分度手柄返回半圈以上以消除间隙,然后再按原来方向到规定位置慢慢插入定位销。

(4)调整分度头主轴仰角时,切不可将基座上部靠近主轴前端的两个内六角螺钉松开,否则会使主轴位置的零件走动,并严禁使用锤子等物敲打。

(5)分度时,事先要松开主轴锁紧手柄,分度结束后再重新锁紧,但在加工螺旋面工件时,因加工过程中分度头主轴要旋转,所以不能锁紧主轴。

(6)要保持分度头的清洁,使用前需将安装底面和主轴锥孔及铣床工作台擦拭干净。存放时,应将外露的金属表面涂油防锈。

(7)经常注意分度头各部分的润滑,并按说明书上的规定,做到定期加油。

(8)精密分度头不能用作铣螺旋线。

想一想

1.五边形、七边形如何划线和等分?

2.怎样用铣床完成齿轮等分工件的加工?

"航天铣工"马立冉：毫米之间打磨国之重器

马立冉是中国航天科工二院699厂的一名铣床操作工。

他用铣刀打磨出一件件精密的航天产品，把握毫米之差。他翻烂数控铣工编程教材，赋予每个零件以生命。

创新方法破解难题，自带"横空出世"的"黑马"范儿。日复一日地勤学苦练，练就的是"全国技术能手"背后的真功夫。

他能自带底气地说出："我做的导弹零件百分之百可靠。"

2008年入职699厂65车间时，马立冉的身份是一名普通铣床操作工。对于马立冉这个新手来说，干好这份工作并不容易。因为对于精密机器尤其是高危险性机器的使用，必须遵循技术安全操作规程，养成良好的工作习惯。凭着刻苦钻研的精神，没多久，这些操作要领就深深地印在马立冉的心里。随着日积月累，马立冉的操作本领一天天增长。

与此同时，这个痴迷于电脑的小伙子对于数控编程有着莫大的兴趣。所以，除了日常工作之外，他把业余时间全都奉献给了书本，车间里数控铣工编程的教材被他翻烂了好几本。

对于技能人员来说，"全国技术能手"的称号代表着荣誉和技术的巅峰，但同时也意味着比赛之路的尽头，因为按照规定，获得该称号的人员今后不得报名参加曾获奖的赛事。面对这些荣誉，马立冉很是淡定："这些都是过去式，做好手中的活才是最重要的。"

添 加 记 录

项目三 磨床的认知与实践

任务一 砂轮架及内磨装置维护

步骤1 砂轮架拆装

知识链接

砂轮架用以支承并传动。砂轮架装在滑鞍上,回转角度为±30°。当需要磨削短圆锥面时,砂轮架可调至一定的角度位置。

如图3-1-1所示为M1432A型万能外圆磨床砂轮架结构图,砂轮架由壳体、砂轮主轴及其轴承、传动装置与滑板等组成。砂轮主轴及其支承部分的结构将直接影响工件的加工精度和表面粗糙度,因而是砂轮架部件的关键部分,它应保证砂轮主轴有较高的旋转精度、刚度、抗震性及耐磨性。

砂轮主轴5以两端锥体定位,前端通过压盘1安装砂轮,后端通过锥体安装带轮13。主轴的前、后支承均采用"短三瓦"动压滑动轴承,每个轴承由均布在圆周上的三块扇形轴瓦19组成。每块轴瓦都支承在球头螺钉20的球形端头上,由于球头中心在周向偏离轴瓦对称中心,当主轴高速旋转时,在轴瓦与主轴颈之间形成三个楔形缝隙,于是在三块轴瓦处形成三个压力油楔,砂轮主轴在三个油楔压力的作用下,悬浮在轴承中心而呈纯液体摩擦状态。

机床结构认知与实践

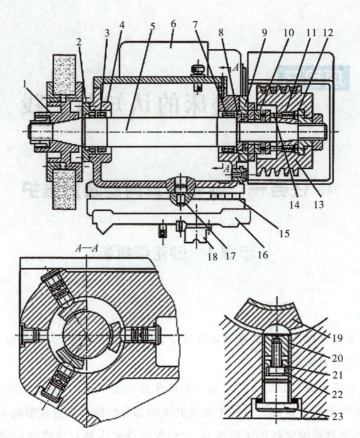

1—压盘；2,9—轴承盖；3,7—动压滑动轴承；4—壳体；5—砂轮主轴；6—主电动机；8—止推环；10—推力球轴承；11—弹簧；12—调节螺钉；13—带轮；14—销子；15—刻度盘；16—滑鼓；17—定位轴销；18—半螺母；19—扇形轴瓦；20—球头螺钉；21—螺套；22—锁紧螺钉；23—堵口螺钉。

图 3-1-1　M1432A 型万能外圆磨床砂轮架结构

步骤2　内圆磨削装置

知识链接

内圆磨削装置：它用于支承磨内孔的砂轮主轴，主轴由单独的内圆砂轮电动机驱动。

万能外圆磨床除能磨削外回转面外，还可磨削内孔，所以设有内磨装置，如图 3-1-2 所示为内圆磨削装置。内圆磨削装置通常以铰链连接方式装在砂轮架的前上方，使用时翻下，不用时翻向上方。为了保证工作安全，机床上设有电气连锁装置，当内磨装置翻下时，压下相应的行程开关并发出电气信号，使砂轮架不能前后快速移动，且只有在这种情况下才能启动内磨装置的电动机，以防止工作过程中因误操作而发生意外。

项目三 磨床的认知与实践

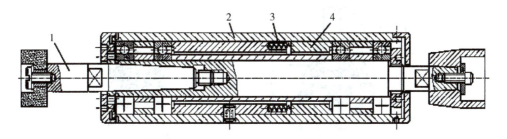

1—接杆;2,4—套筒;3—弹簧。

图3-1-2 内圆磨削装置

磨削工件的表面突然有拉毛的痕迹

磨削工件的表面突然有拉毛的痕迹主要是由于粗粒砂轮磨粒脱落后夹在砂轮和工件之间形成的。

(1)粗磨时遗留下来的痕迹在精磨时未磨掉。适当放大精磨余量。

(2)磨削液中有磨粒存在。清除砂轮罩壳内的磨屑,过滤或更换磨削液。

(3)材料韧性太大。根据工件材料韧性的特点,选择铬刚玉系列砂轮。

(4)粗粒度砂轮在刚修正好时,其磨粒易于脱落。降低工作台速度,尽量使砂轮修整得细一些,并以较低的纵向速度进行粗加工,或者改用粒度较细的砂轮。

(5)砂轮太软。一般情况是材料硬,砂轮软;材料软,砂轮硬。但材料过软,亦应选用较软的砂轮。

(6)砂轮未修整好,有凸起的磨粒。重新修整砂轮。

砂轮的检查、安装、平衡和修整操作

因砂轮在高速运转情况下工作,所以安装前要通过外观检查和敲击的响声来检查砂轮是否有裂纹,以防止高速旋转时砂轮破裂。安装砂轮时,应将砂轮松紧合适地套在砂轮主轴上,并在砂轮和法兰之间垫以1~2 mm厚的弹性垫圈(皮革或耐油橡胶制成),如图3-1-3所示。

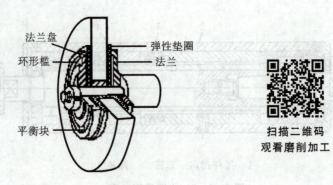

图3-1-3 砂轮的安装

为使砂轮平稳地工作,一般直径大于125 mm的砂轮都要进行平衡。平衡时将砂轮装在心轴上,再放在平衡架导轨上。如果不平衡,较重的部分总是转在下面,这时可移动法兰端面环形槽内的平衡块进行平衡,直到砂轮在导轨上任意位置都能静止。如果砂轮在导轨上的任意位置都能静止,则表明砂轮各部分质量均匀,平衡良好。这种方法称为静平衡,如图3-1-4所示。

图3-1-4 砂轮的静平衡

砂轮工作一定时间后,其磨粒逐渐变钝,砂轮表面空隙堵塞,砂轮几何形状磨损严重。这时,需要对砂轮进行修整,使已磨钝的磨粒脱落,恢复砂轮的切削能力和外形精度。砂轮常用金刚石笔进行修整,如图3-1-5所示。修整时要用大量的切削液,以避免金刚石笔因温度剧升而破裂。

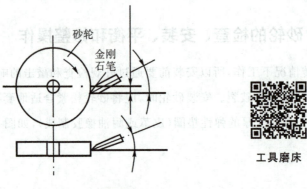

图3-1-5 砂轮的修整

1. 砂轮主轴修复采用哪些工艺方法？
2. 外圆磨床控制砂轮架快速进退手柄时，砂轮架不动作或误动作的故障应如何排除？
3. M1432A 万能外圆磨床拆卸顺序是什么？

大国工匠——朱恒银

从地表向地心，他让探宝"银针"不断挺进。一腔热血，融进千米厚土；一缕微光，射穿岩层深处。他让钻头行走的深度，矗立为行业的高度，他就是安徽省地质矿产勘查局 313 地质队教授级高级工程师朱恒银。

朱恒银从一名钻探工人成长为全国知名的钻探专家和安徽省学术和技术带头人。他将我国小口径岩心钻探地质找矿深度从不到 1000 m 推进至深于 3000 m 的国际先进水平，成为我国深部岩心钻探的领跑者，产生了数千亿元的经济效益以及社会效益。

所获荣誉：国家科技进步奖二等奖、全国劳动模范、全国优秀科技工作者、李四光地质科学奖。

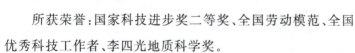

● 任务二　头架的维护与保养

知识链接

头架：它用于装夹和定位工件并带动工件转动。当头架旋转一个角度时，可磨削短圆锥面；当头架做逆时针方向回转 90°时，可磨削小平面。

如图 3-2-1 所示为 M1432A 型万能外圆磨床工件头架结构,头架主轴和前顶尖根据不同的加工情况,可以转动或固定不动。

(1)工件支承在前、后顶尖上(图 3-2-1(a))磨削时,拨盘 9 的拨杆拨动工件夹头,使工件旋转,这时头架主轴和前顶尖固定不动。固定主轴的方法是拧紧螺杆 2,使摩擦环 1 顶紧主轴后端,则主轴及前顶尖固定不动,避免了主轴回转精度误差对加工精度的影响。

(2)用三爪自定心或四爪单动卡盘装夹工件。这时在头架主轴前端安装卡盘(图 3-2-1(c))卡盘固定在法兰盘 22 上,法兰盘 22 装在主轴的锥孔中,并用拉杆拉紧。运动由拨盘 9 经拨销 21 带动法兰盘 22 及卡盘旋转,于是头架主轴由法兰盘带动,也随之一起转动。

(3)自磨主轴顶尖。此时将主轴放松,把主轴顶尖装入主轴锥孔,并用拨块 19 将拨盘 9 和主轴相连(图 3-2-1(b)),使拨盘 9 直接带动主轴和顶尖旋转,依靠机床自身修磨以提高工件的定位精度。壳体 14 可绕底座上的轴销 16 转动,头架角度调整的范围为 0°~90°。

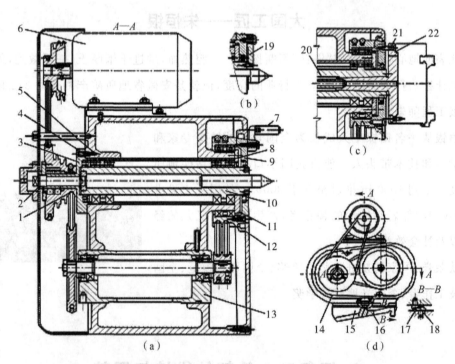

1—摩擦环;2—螺杆;3,11—轴承盖;4,5,8—隔套;6—电动机;7—拨杆;9—拨盘;
10—头架主轴;12—带轮;13—偏心套;14—壳体;15—底座;16—轴销;17—销子;
18—固定销;19—拨块;20—拉杆;21—拨销;22—法兰盘。

图 3-2-1　M1432A 型万能外圆磨床工件头架结构

分析与排除

1. 磨削工具圆度超差

(1)工件中心孔不合格。研磨工件中心孔,使其圆度达到要求。

(2)头架尾座的顶尖与轴锥孔的配合接触不良,工作时引起晃动。卸下顶尖,检查接触面上是否有毛刺,如有毛刺就用刮刀修去。

(3)头架尾座顶尖磨损。修磨顶尖,以校正顶尖角度。最好采用硬质合金顶尖。

(4)工件的两端中心孔轴心线同轴度超差。重新研磨工件中心孔。

(5)工件顶得过紧或过松。重新调整尾座的位置。

(6)磨削液不够充分,容易使工件发生热变形。增加磨削液。

(7)磨细长工件时,中心拖架使用不当。调整中心托架。

(8)工件的顶尖孔太浅。重钻顶尖孔。

2. 内圆磨削工件圆度超差

(1)头架轴承的间隙过大。重新调整轴承间隙,直至达到要求。

(2)头架主轴轴颈的圆度超差。精磨修整头架主轴轴颈圆度,直至达到要求。按头架主轴修理工艺中的介绍,刮研轴承并合理调整主轴与轴承的间隙。

重要维护

(1)砂轮主轴与轴瓦间的间隙调整。在砂轮主轴轴颈上涂色,与轴瓦转研,用刮刀刮研轴瓦表面,使接触点要求达到 12～14 点/(25 mm×25 mm),然后进行安装调整,将砂轮主轴与轴瓦的间隙调整到 0.002 5～0.005 mm,这样可避免磨削中工件产生棱圆。

(2)砂轮主轴电机与砂轮的平衡。砂轮主轴电机的振动对磨削表面粗糙度影响较大,所以需要对砂轮主轴电机进行动平衡。对砂轮则需进行两次平衡,首先用金刚笔修整砂轮后进行一次粗平衡,然后用油石或精车后的修整用砂轮对砂轮进行细修后再进行一次精平衡。

(3)砂轮的修整。一般情况下,用只经过金刚笔修整的砂轮在普通磨床上只能磨出 Ra 0.4～0.8 μm 的表面粗糙度。为使磨削表面达到 Ra 0.02～0.04 μm 的表面粗糙度要求,就必须对砂轮进行精修和细修两次修整。修整方法可采用以下两种方法之一:

①用金刚笔精修,再用油石细修;

②用金刚笔精修,再用精车后的砂轮细修。

外圆磨床磨轴

平面磨床

扫描二维码,观看磨床加工

1. 磨头、头架、尾座位置精度对加工精度有哪些影响？
2. 外圆磨床拆卸时应注意哪些问题？
3. 头架主轴修理工艺包括哪些内容？

基层纺织小工匠点亮制造大舞台

徐孝硅 1995 年毕业于青岛大学针织专业，每年经手研发面料花色上千种，获得中国纺织工业联合会授予的"针织内衣创新贡献奖"，并被评为"全国纺织行业技术能手"。

山东省即墨区是中国纺织工业联合会授予的"中国针织名城"和"中国童装名城"，规模以上企业达 200 余家，形成了纺织、染整、成衣、印绣花、包装、设计、研发的全功能服装服饰产业链，从业人员 5 万余人。在纺织服装产业迅猛发展的带动下，当地涌现出一批获得全国五一劳动奖章、全国技术能手和各级劳动模范的"能工巧匠"。他们虽然工种不同、学历各异，但都在纺织服装产业链的各个岗位上践行工匠精神、精益求精，成为中国服装制造走向世界大舞台的强大生力军。

▶ 任务三 横向进给操纵机构维护

知识链接

横向进给机构用于实现砂轮架的周期或连续横向工作进给，调整位移和快速进退，以确定砂轮和工件的相对位置，控制被磨削工件的直径尺寸。如图 3-3-1 所示为 M1432A 型万能外圆磨床横向进给机构结构图。

项目三 磨床的认知与实践

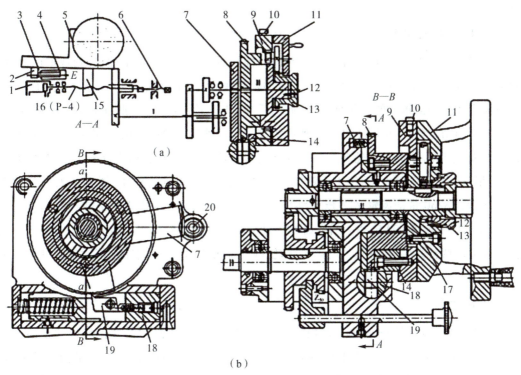

1—液压缸;2—挡铁;3,18—柱塞;4—闸缸;5—砂轮架;6—定位螺钉;7—遮板;8—棘轮;
9—刻度盘;10—挡销;11—手轮;12—销钉;13—旋钮;14—撞块;15—半螺母;16—丝杠;
17—中间体;19—棘爪;20—齿轮。

图 3-3-1 M1432A 型外圆磨床横向进给机构结构

1. 手动进给

转动手轮 11,经过用螺钉与其连接的中间体 17,带动轴Ⅱ,再由齿轮副 50/50 或 20/80,经 44/88,传动丝杠 16 转动,可使砂轮架横向进给运动。手轮转 1 转,砂轮架 5 的横向进给量为 2 mm 或 0.5 mm,手轮刻度盘 9 上刻度为 200 格,每格进给量为 0.01mm 或 0.002 5 mm。

2. 周期自动进给

周期自动进给由液压缸柱塞 18 驱动,当工作台换向,液压油进入进给液压缸右腔,推动柱塞 18 向左侧运动,这时空套在柱塞 18 内的销轴上的棘爪 19 推动棘轮 8 转过一个角度,棘轮 8 用螺钉和中间体 17 紧固在一起,转动丝杠 16,实现一次自动进给。进给完毕后,进给液压缸右腔与回油路接通,柱塞 18 在左端弹簧作用下复位,转动齿轮 20,使遮板 7 改变位置,可以改变棘爪 19 能推动棘轮 8 的齿数,从而改变进给量的大小。棘轮 8 上有 200 个齿,与刻度盘 9 上刻度为 200 格相对应,棘爪 19 最多能推动棘轮 8 转过 4 个齿,相当于刻度盘转过 4 个格,当横向进给达到工件规定尺寸后,装在刻度盘 9 上的撞块 14 正好处于垂直线 a—a 上手轮 11 的正下方,由于撞块 14 的外圆直径与棘轮 8 的外圆直径相等,将棘爪 19 压下,与棘轮 8 脱开啮合,横向进给运动停止。

3. 定程磨削及调整

在进行批量加工时,为简化操作,节约辅助时间,通常先试磨一个工件,达到规定尺寸后,调整刻度盘位置,使其上与撞块 14 成 180°安装的挡销 10 处于垂直线 $a-a$ 上的手轮 11 正上方,刚好与固定在床身前罩上的定位爪相碰,此时手轮 11 不转。这样,在批量加工一批零件时,当转动手轮与挡销相碰时,说明工件已达到规定尺寸。当砂轮磨损或修正后,由挡销 10 控制的加工直径增大,这时必须调整砂轮架 5 的行程终点位置,因此需要调整刻度盘 9 上的挡销 10 与手轮 11 的相对位置。调整方法:拨出旋钮 13,使它与手轮 11 上的销钉 12 脱开后顺时针方向转动,经齿轮副 48/50 带动齿轮 Z12 转动,齿轮 Z12 与刻度盘 9 上的内齿轮 Z110 啮合,使刻度盘 9 连同挡销 10 一起逆时针转动。刻度盘 9 转过的格数应根据砂轮直径减少所引起的工件尺寸变化量确定。调整完后,将旋钮 13 推入,手轮 11 上的销钉 12 插入端面小孔,刻度盘 9 与手轮 11 连成一体。

4. 快速进退

砂轮架 5 的定距离快速进退运动由液压缸 1 实现。当液压缸的活塞在液压油推动下左右运动时,通过滚动轴承座带动丝杠 16 轴向移动,此时丝杠的右端在齿轮 Z881 的内花键中移动,再由半螺母带动砂轮架 5 实现快进、快退。快进终点位置由定位螺钉 6 保证。为提高砂轮架 5 的重复定位精度,液压缸 1 设有缓冲装置,防止定位冲击与振动。丝杠 16 与半螺母 15 之间的间隙既影响进给量精度,也影响重复定位精度,利用闸缸 4 可以消除其影响。机床工作时,闸缸 4 接通液压油,柱塞 3 通过挡铁 2 使砂轮架 5 收到一个向左的作用力 F,与径向磨削力同向,与进给力相反,使半螺母 15 与丝杠 16 始终紧靠在螺纹一侧,从而消除螺纹间隙的影响。

振动现象:

(1)砂轮磨床切削刀刃的砂粒在磨削工作中切削力发生了变化。对砂轮重新进行修整。

(2)砂轮偏心安装。正确安装和校正砂轮。

(3)砂轮磨损严重,质量不均匀。修整砂轮。

(4)高速转动时产生了动不平衡现象。进行静平衡和动平衡试验。

(5)动压三瓦轴承调整不当。正确进行轴承的调整。

(6)动压三瓦轴承中的液压油压力过低。检查油路。

M1432A 型万能外圆磨床的开车与停车

操作过程中应注意以下两点:
(1)对于机床上的按钮、手柄等操作件,在没有弄清其作用之前,不要乱动,以免发生事故。
(2)发生事故后,要立即关闭总停按钮。

1. 开车练习

(1)砂轮的转动和停止。按下砂轮电动机启动按钮 16,砂轮旋转,按下砂轮电动机停止按钮 14,砂轮停止转动。

(2)头架主轴的转动和停止。使头架电动机旋钮 17 处于慢转位置时,头架主轴慢转;使其处于快转位置时,头架主轴处于快转;使其处于停止位置时,头架主轴停止转动。

(3)工作台的往复运动。按下液压泵启动按钮 19,液压泵启动并向液压系统供油。扳转工作台液压传动开停手柄 4 使其处于开位置时,工作台纵向移动。当工作台向右移动终了时,挡块 2 碰撞工作台换向杠杆 5,使工作台换向向左移动。当工作台向左移动终了时,挡块 7 碰撞工作台换向杠杆 5,使工作台又换向,向右移动。这样循环往复,就实现了工作台的往复运动。调整挡块 2 与 7 的位置就调整了工作台的行程长度,转动旋钮 26 可改变工作台的运行速度,转动旋钮 25 或 27 可改变工作台行至右或左端时的停留时间。

(4)砂轮架的横向快退或快进。转动砂轮架快速进退手柄 24,可压紧行程开关使液压泵启动,同时也改变了换向阀阀芯的位置,使砂轮架获得横向快速移近工件或快速退离工件。

(5)尾座顶尖的运动。脚踩脚踏板 23 时,接通其液压传动系统,使尾座顶尖缩进;脚松开脚踏板 23 时,断开其液压传动系统使尾座顶尖伸出。

2. 停车练习

(1)手动工作台纵向往复运动。顺时针方向转动纵向进给手轮 3,工作台向右移动,反之工作台向左移动。手轮每转一周,工作台移动 6 mm。

(2)手动砂轮架横向进给移动。顺时针方向转动砂轮架横向进给手轮 22,砂轮架带动砂轮移向工件,反之砂轮架向后退回远离工件。当粗细进给选择拉杆 21 推进时为粗进给,即手轮 22 每转过一周时砂轮架移动 2 mm,每转过一小格时砂轮移动 0.01 mm;当拉杆 21 拨出时为细进给,即手轮 22 每转过一周时砂轮架移动 0.5 mm,每转过一个小格时砂轮架移动 0.002 5 mm。同时为了补偿砂轮的磨损,可将砂轮磨损补偿旋钮 20 拔出,并顺时针方向转动,此时手轮 22 不动,然后将磨损补偿旋钮 20 推入,再转动手轮 22,使其零程撞块碰到砂轮架横向进给定位块 10 为止,即可得到一定量的高程进给(横向进给补偿量)。

1. 外圆磨床工作台快速移动行程速度达不到规定值的故障应如何排除？
2. M1432A 型万能外圆磨床液压传动系统主要起什么作用？
3. 修理时所需专用工具和量仪有哪些？

孙滨生：巧手慧心"敲铸"钣金人生

与汽车零部件由机器生产不同，飞机的钣金零件大部分都是手工制造，核心部位的零件都是由人工一点一点敲出来的。这对工人的手艺提出了极高的要求。

孙滨生就是这样一位钣金专家。1962 年出生的他，现在是航空工业昌飞公司 23 车间钣金一班班长。自 1982 年 9 月从昌河技校钣金专业毕业分配进厂以来，他一直在 23 车间从事直升机钣金零件加工制造工作，一干就是 35 年。

扎根于航空钣金制造"一线"的孙滨生，把每一个钣金零件都当成精品来打造。"飞机生产过程中，零部件的加工必须相当精准，不能出丝毫差错。"

对工艺的精益求精和对产品质量的严格要求，让孙滨生练就了一手过硬的技术本领，"有困难、找老孙"成了昌飞公司钣金领域的一个习惯，而孙滨生从来都没有让大家失望，攻克了一个又一个技术难关。

孙滨生说，这些年也有不少公司高薪挖他，但他不为所动。"既然干这一行，就扎扎实实地干好，要耐得住寂寞，只有沉下心来埋头苦干，我们的航空事业才能越来越好。我希望把自己的手艺传给年轻人，更希望把这份理念传给他们。"

添 加 记 录

项目四 数控车床认知与实践

任务一 主轴传动机构拆装

知识链接

数控车床的主传动系统

如图4-1-1所示为CK7525A数控车床的主传动系统图。其中主传动系统由功率为7.5 kW的主轴调速电动机驱动,经1:1.8的带传动及21/71或54/38的齿轮传动带动主轴旋转,使主轴具有低速和高速两挡,其中低速挡为20~400 r/min,高速挡为100~2000 r/mim。主传动采用皮带传动与齿轮传动结合,有效地提高了主轴输出扭矩。

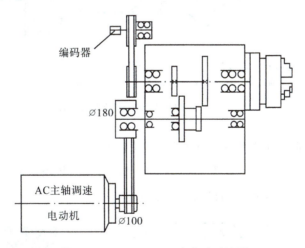

图4-1-1 CK7525A主传动系统图

数控车床的主轴组件

主轴部件是机床实现旋转运动的执行件,如图4-1-2所示为数控车床主轴部件结构图。其工作原理如下:主轴的驱动电动机通过带轮15把运动传给主轴7。主轴有前后两个支承。

前支承有一个圆锥孔,由双列圆柱滚子轴承 11 和一对角接触球轴承 10 组成,双列圆柱滚子轴承 11 用来承受径向载荷,两个角接触球轴承一个大口向外(朝向主轴前端),另一个大口向里(朝向主轴后端),用来承受双向的轴向载荷和径向载荷。前支承轴的间隙用螺母 8 来调整,螺钉 12 用来防止螺母 8 回松。主轴的后支承为双列圆柱滚子轴承 14,轴承间隙由螺母 1 和 6 来调整。螺钉 17 和 13 是防止螺母 1 和 6 松动的。主轴的支承形式为前端定位,主轴受热膨胀向后伸长。前后支承所用双列圆柱滚子轴承的支承刚性好,允许的极限转速高。前支承中的角接触球轴承 10 能承受较大的轴向载荷,且允许的极限转速高。主轴所采用的支承结构适宜低速大载荷。主轴的运动经过同步带轮 16 和 3,以及同步带 2 带动脉冲编码器,使其与主轴同速运转。脉冲编码器用螺钉 5 固定在主轴箱体 9 上。

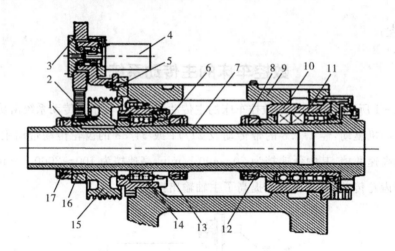

1,6,8—螺母;2—同步带;3,15,16—带轮;4,5,12,13,17—螺钉;7—主轴;
9—主轴箱体;10—角接触球轴承;11,14—双列圆柱滚子轴承。

图 4-1-2 数控车床主轴部件结构图

由主电机通过皮带传动,从而带动主轴运转,在这个传动过程中,由装在主轴这端的齿形带轮通过同步齿形带带动信号发生装置,将主轴运行状况传递给数控系统。如图 4-1-3 所示为机床主轴简图,如图 4-1-4 所示为机床主传动系统简图。

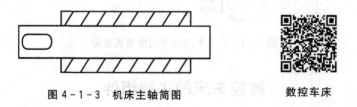

图 4-1-3 机床主轴简图　　　　数控车床

项目四 数控车床认知与实践

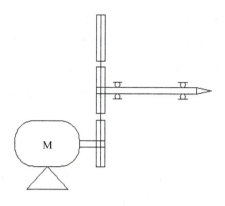

图 4-1-4 机床主传动系统简图

目标

(1)通过拆装对 CK7525A 型数控车床主传动结构和组成有实际的认识,掌握各个零件的名称和作用。

(2)掌握该数控机床机械部分主传动系统工作原理及机床主轴定位方式。

(3)培养学生机械零件测绘能力。

(4)学会对主传动部件的调整,维护及维修。

(5)培养动手拆装机械系统的能力。

拆装要领

主传动系统是由电机带动皮带盘,再由各皮带盘相互传动到主轴。

1. 主传动系统的拆卸

(1)用梅花起子(6×125 mm)拆掉主轴机箱旁的十字螺丝(10×6 mm)3 个。

(2)拆掉周围的螺丝以后,卸掉机箱铁盒。

(3)用 8 号内六角拆卸主轴箱外的螺丝(86×10 mm)4 个。

(4)用活络扳手拆卸卡爪上的 3 个正六角螺丝(18×10 mm),取下卡爪。

(5)用一字起(6×125 mm)取下主轴 V 形皮带轮及电机 V 形皮带轮的型号为 Y(6×4 mm)的 V 形皮带。

(6)拆主轴箱底的 6 个梅花螺丝(10×6 mm)。

(7)用木槌将 V 形皮带轮从主轴上敲下。

(8)用手拧开主轴上的圆形螺母,取下套管,再用老虎钳夹下卡键。

(9)用铁锤和圆柱铜垫片敲打主轴,取出圆柱轴承和主轴。

(10)主轴箱里有一个铁饼样的零件、一个六方螺母、一个小铁棒。

(11)齿轮的拆卸:将主轴箱放在台子上面将主轴垂直于地面放置,将有齿轮的一头朝上,为防止工件变形,故在其放在枕木上或者铜棒、铝棒。然后用铁锤重击,直至主轴完全被分离出来。

(12)在齿轮和主轴盒之间存在间隙,拿铁板放在其中。利用杠杆原理拿铁锤用力将其撬出,用活动扳手撬住齿轮。

2. 清洗过程

将拆卸下来的各个零件按照正确的清洗方法清洗干净,并放在干燥的地方沥干,用干抹布擦干净。其中两个圆柱滚珠轴承擦上黄油加上专门的润滑剂。

3. 安装

装配过程:按照机床拆卸时的相反顺序将已经清洗干净并润滑了的零件一一装配上。

噪声过大:

主轴部件动平衡不良,使主轴回转时振动过大,引起工作噪声。

对于齿轮变速的形式,主轴传动齿轮磨损,使齿轮啮合间隙过大,主轴回转时冲击振动过大,引起工作噪声。

主轴支承轴承拉毛或损坏,使主轴回转间隙过大,回转时冲击、振动过大,引起工作噪声。

大国工匠——乔素凯

4米长杆,26年,56 000步的零失误令人惊叹。是责任,是经验,更是他心里的"安全大于天"。他的守护,正如那池清水,平静蔚蓝,他就是中国广核集团运营公司大修中心核燃料服务分部工程师、核燃料修复师乔素凯。

乔素凯是我国第一代核燃料师。他与核燃料打了26年交道,全国一半以上核电机组的核燃料都由他和他的团队来操作,他的团队是国内目前唯一能对破损核燃料进行水下修复的团队。26年来,乔素凯核燃料操作保持"零失误"。这些年,他主持参与的项目获得了19项国家发明专利。

所获荣誉:全国技术能手、中央企业劳动模范。

项目四 数控车床认知与实践

任务二 进给传动机构拆装

知识链接

进给传动系统

数控机床的进给传动系统是以数控机床的进给轴,即机床的移动部件(刀架或工作台)的位置和速度为控制量的,是以保证刀具和工件相对关系为目的,因此,不仅要定性,还要定量。

* 定义：实现运动执行件进给的系统,即进给驱动装置。
* 特点：是数控装置的直接控制对象,以机床的移动部件的位置和速度作为控制矢量。
* 实现过程：数控装置→指令信号(进给速度和位移)→伺服驱动装置(转换和放大)→执行电机→机械传动机构→执行部件(工作台等)→实现工作进给或快速运动。

进给传动系统如下。

伺服驱动装置：转换和放大指令信号(速度、位移)。

执行电机：伺服系统执行件：步进电机、直流、交流伺服电机。

机械传动装置(图4-2-1)：将动力源旋转运动变为直线运动的整个机械传动链。

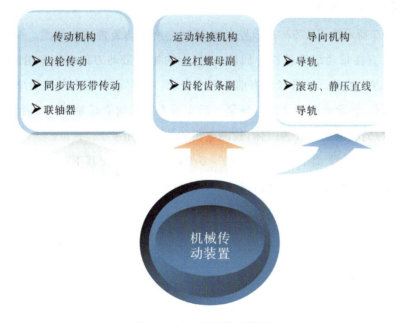

图 4-2-1 机械传动装置

CK7525A 数控车床的进给包括 X 轴和 Z 轴进给,如图 4-2-2 所示。X 轴进给由交流伺服电动机驱动,通过联轴器直接带动滚珠丝杠旋转,丝杠上的螺母带动回转刀架移动,滚珠丝杠的螺距为 6 mm。

Z 轴进给也由交流伺服电动机驱动,同样通过联轴器直接带动滚珠丝杠旋转,丝杠上的螺母带动滑板移动。该滚珠丝杠的螺距为 6 mm。

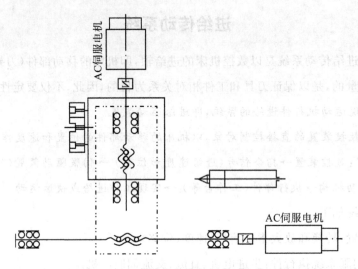

图 4-2-2　CK7525A 数控车床进给传动系统图

1. X 轴进给传动装置

如图 4-2-3 所示为 CK7525A 数控车床 X 轴进给传动装置结构简图。AC 伺服电动机 1 经弹性联轴器 2 直接带动滚珠丝杠 5 回转,丝杠上的螺母带动刀架底座 6 沿滑板 8 的导轨移动,实现 X 轴的进给运动。滚珠丝杠有前后两个支承。前支承由三个角接触球轴承 4 组成,承受双向的轴向载荷,轴承由螺母 3 进行预紧。后支承为一只向心球轴承 7。伺服电动机的尾部带脉冲编码器,与伺服电动机合为一体,检测电机轴的回转角度。

因为床身导轨与水平面的倾斜角为 45°,刀架的自身重量使其下滑,而滚珠丝杠又不能自锁,故机床依靠 AC 伺服电动机的电磁制动来实现自锁。

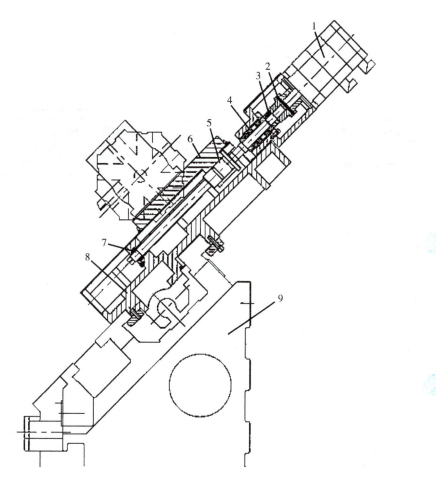

1—伺服电动机；2—联轴器；3—螺母；4—角接触球轴承；5—滚珠丝杠；
6—刀架底座；7—轴承；8—滑板；9—床身。

图 4-2-3 X 轴进给传动装置结构简图

2. Z 轴进给传动装置

如图 4-2-4 所示为 CK7525A 数控车床 Z 轴进给传动装置结构简图。AC 伺服电动机 1 同样通过弹性联轴器 2 直接带动滚珠丝杠 3 回转，其上的螺母 7 带动滑板连同刀架沿床身的矩形导轨移动，实现 Z 轴的进给运动。

由于 Z 轴行程较长（700 mm），故丝杠左、右支承均采用四只一组的角接触球轴承 15，背靠背安装，丝杠经预拉伸后可获得较高的传动刚度和轴向刚度。脉冲编码器安装在伺服电动机的尾部，与伺服电动机合为一体。

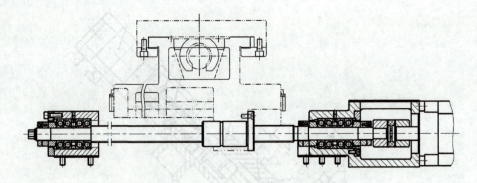

图 4-2-4 Z 轴进给传动装置结构简图

拆装目标

(1)通过对 CK7525A 型数控车床进给传动系统的拆装,对其组成有了实际的认识,并掌握各个零件的名称和作用。

(2)掌握该数控机床机械部进给传动机构的工作原理及工作方式。

(3)培养学生亲自动手拆装机械系统的能力。

拆装要领

(1)卸下刀架的 8 颗螺丝。

(2)拆下手柄。

(3)卸下小托盘。

(4)拆下垫子。

(5)拆下混合式步进电机和一字起横向步进电机齿轮。

(6)取下横向滑板,滑板垫片,滑板座。

(7)取下径向进给丝杠。

(8)取下滑板底座。

(9)拆下横向滑槽垫片。

(10)用柴油清洗打好润滑油。

(11)安装步骤和拆下步骤相反。

想一想

1.进给传动机构为什么要用伺服电机驱动?

2.何为爬行现象?

项目四　数控车床认知与实践

李国庆，挥洒青春传承工匠精神

他深耕岗位 30 载，虽没有惊天动地的丰功伟绩和豪言壮语，但凭着对大型数控镗机床的满腔热血和敬业精神，在本职岗位上开拓出了一片新天地，获得"三秦工匠"荣誉称号。他就是中冶陕压重工设备有限公司机加分公司大型数控镗机床机长李国庆。

"我叫李国庆，是 1990 年从我们陕压技校毕业分配到陕西压力设备厂，当时就分到了现在这个车间，（后来）这都是新建的。最开始我就分配在这台机床上，跟我的师傅在一起学习了 7 年吧！"

从学校毕业到中冶陕压参加工作，从初出茅庐的技术"小白"到厂里的业务技术骨干，李国庆一干就是近 30 个春秋。日复一日、年复一年地潜心钻研和不断学习，造就了李国庆熟练的镗工技艺。

任务三　刀架拆装

知识链接

数控车床刀架

1. 排式刀架

排式刀架一般用于小规格数控车床，以加工棒料为主的机床较为常见。刀具的布置如图 4-3-1 所示，刀夹夹持着各种不同用途的刀具，沿机床的 X 坐标轴方向排列在横向滑板上。这种刀架的特点是刀具布置和机床调整都较方便，可以根据工件的车削工艺要求，将不同用途的刀具进行任意组合，一把刀完成车削任务后，横向滑板只要沿 X 轴移动程序中设定的距离，就可将第二把刀移至加工位置，这样就完成了机床的换刀动作。这种换刀方式迅速、省时，有利于提高机床的生产效率。

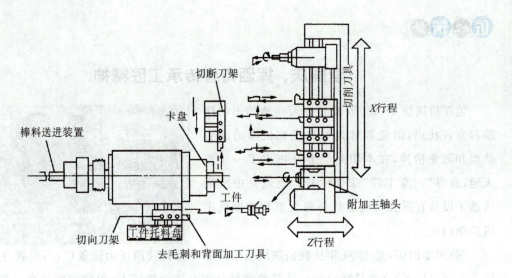

图 4-3-1 排式刀架

2. 四方刀架

数控车床四方刀架是在普通车床四方刀架的基础上发展而来的一种自动换刀装置,其功能和普通四方刀架一样,有四个刀位,能装夹四把不同功能的刀具,刀架每回转 90°,刀具变换一个刀位。

下面以 LDB4 型刀架为例说明其具体结构及工作原理。

该刀架为免抬式电动刀架,采用了国际先进的三端齿精定位,梯形螺柱螺套副升降夹紧,换刀时则按"松开上刀体—刀架转位—夹紧上刀体"方式工作,其机械结构如图 4-3-2 所示。

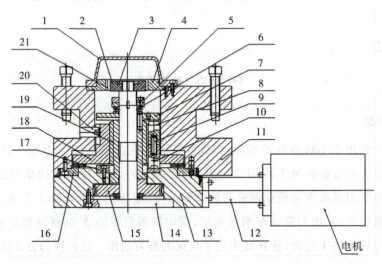

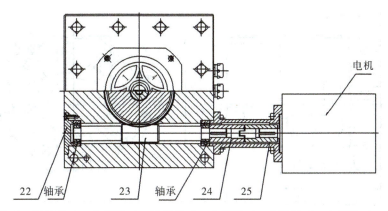

1—上盖;2—发讯盘;3—小螺母;4—磁钢座;5—大螺母;6—止退圈;7—上槽盘;8—离合销;
9—压缩弹簧;10—反靠销;11—上刀体;12—连接座;13—下刀体;14—中轴;15—蜗轮;
16—外端齿盘;17—下槽盘;18—螺套(与上端齿盘是同一零件);19—螺杆;20—销;
21—磁钢;22—端盖;23—蜗杆;24,25—联轴器。

图 4-3-2 LDB4 型刀架

当刀架需要转位时,刀架电机正转,通过一对蜗杆蜗轮副减速,蜗轮 15 与螺杆 19 连接,带动螺杆 19 做逆时针方向转动。装配时上端齿盘 18(与螺套是同一零件)、下端齿盘 16 与 13 是啮合的(图 4-3-3 中上、下端齿盘为脱离状态),离合销 8 顶在上槽盘 7 的下端面,反靠销 10 通过压缩弹簧 9 压紧在下槽盘 17 的十字槽内。电机转动时,由于上、下齿盘间的锁紧力,迫使螺套 18 相对下刀体 13 不转动而垂直上升。

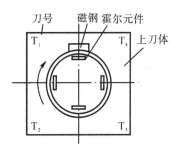

图 4-3-3 霍尔元件的安装

当上、下端齿盘完全脱离后,电机继续正转,离合销 8 进入上槽盘 7 的槽中。螺杆 19、上槽盘 7 带动离合销 8,离合销 8 带动螺套 18,螺套 18 带动上刀体 11 转位。

当上刀体 11 转到所需刀位时,霍尔元件电路发出到位信号,电机反转,反靠销 10 进入下槽盘 17 的槽中,而离合销 8 从上槽盘 7 的槽中爬出,刀架完成粗定位。同时螺套 18 下降,上、下端齿啮合,完成精定位,刀架锁紧。

四方刀架的分度采用霍尔元件发讯控制,如图 4-3-3 所示,四只霍尔元件均布在固定不动的发讯盘上,磁钢安装在磁钢座上,随上刀体一起转动。

3. 盘式转塔刀架

以 BWD6-8 型刀架为例介绍盘式转塔刀架。该刀架有 6~8 个刀位,外形如图 4-3-4 所示。其特点有:结构简单可靠;采用了由销盘、内外端齿组成的三端齿精定位机构,实现了刀架转位时刀盘无须轴向移动,使刀架转位时更平稳,并彻底解决了刀架的密封问题;该刀架电机纵放内装,使刀架外形更美观;采用摆线针轮减速器减速,传动效力高;锁紧采用凸轮机构,使刀架换刀速度更快更可靠。

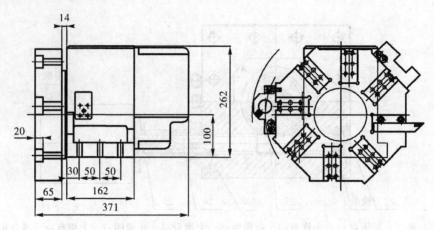

图 4-3-4　BWD6-8 型刀架

该刀架的内部结构如图 4-3-5 所示，其工作原理为：刀架处于锁紧状态，微机发出换刀信号，正转继电器吸合，电机 19 正转，电机 19 通过摆线针轮减速器 20 减速，带动传动齿轮 21、9 转动，使锁紧凸轮松开，销盘 7 被弹簧 4 弹起，端齿脱开，凸轮带动刀盘 1 转位，编码器 14 发出刀位信号，若刀盘 1 旋转到所要刀位时，则正转继电器松开、反转继电器吸合，电机 19 反转，刀盘 1 反转，反靠销 24 粗定位。销盘 7 压缩弹簧 4 前移，端齿啮合，完成精定位。电机断电，发讯杆 8 发出夹紧信号，加工顺序开始。

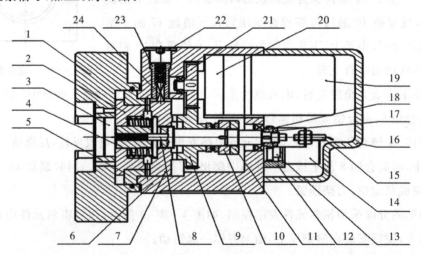

1—刀盘；2—内端齿；3—主轴；4—弹簧；5—外端齿；6—箱体；7—销盘；8—发讯杆；9—齿轮；10—止退圈；11—大螺母；12—支座；13—连接盘；14—编码器；15—接近开关；16—后盖；17—小螺母；18—齿轮；19—电机；20—摆线针轮减速器；21—齿轮；22—顶套螺钉；23—套；24—反靠销。

图 4-3-5　BWD6-8 型刀架内部结构

目标

认知	了解数控车床刀架的组成、掌握四工位刀架的工作原理
技能	掌握数控车床四工位刀架的拆装方法
情感	培养学生一丝不苟的工作态度和精益求精的工作方法
重点	刀架推力轴承的拆装
难点	刀架牙型盘的装配
关键	创造一种氛围,通过教师与学生及学生之间的交流,激发学生的学习热情

 要领

(1)拆下闷头,用内六角扳手顺时针方向转动蜗杆,使离合盘松开,其外形结构如图 4-3-6 所示。

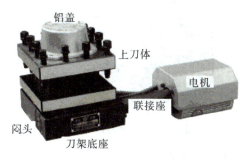

图 4-3-6 刀架外形图

(2)拆下铝盖,罩座。

(3)拆下刀位线,拆下小螺母,取出发讯盘,如图 4-3-7 所示。

图 4-3-7 发讯盘

(4)拆下大螺母、止退圈,取出键、轴承。

(5)取下离合盘、离合销(球头销)及弹簧,如图 4-3-8 所示。

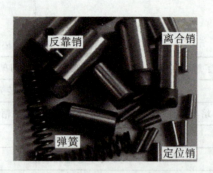

图4-3-8 定位销、反靠销(粗定位销)、弹簧

(6)夹住反靠销逆时针旋转上刀体,取出上刀体,如图4-3-9所示。

图4-3-9 上刀体(刀架体)

(7)拆下电机罩、电机、连接座、轴承盖、蜗杆。

(8)拆下螺钉、取出定轴、蜗轮、螺杆、轴承,如图4-3-10所示。

图4-3-10 蜗轮蜗杆

(9)拆下反靠盘、防护圈。

(10)拆下外齿圈。

1.安装检查

(1)接线质量检查。检查所有的接线端子,包括强、弱电部分在装配时机床生产厂自行接线的端子及各电动机电源线的接线端子。每个端子都要用旋具紧固一次,直到用旋具拧不动为止

(弹簧垫圈要压平),各电动机插座一定要拧紧。

(2)电磁阀检查。推动所有电磁阀数次,以防止长时间不通电造成的动作不良。如发现异常,应做好记录,以备通电后确认修理或更换。

(3)限位开关检查。检查所有限位开关动作的灵活性及固定是否牢固,发现动作不良或固定不牢的应立即处理。

(4)操作面板上按钮及开关检查。检查操作面板上所有按钮、开关、指示灯的接线,发现有误应立即处理。检查 CRT 单元上的插座及接线。

(5)地线检查。要求有良好的地线。外部保护导线端子与电器设备任何裸露导体零件和机床外壳之间的电阻数值不能大于 0.1 Ω,机床设备接地电阻一般要求小于 4 Ω。

(6)电源相序检查。用相序表检查输入电源的相序,确认输入电源的相序与机床上各处标定的电源相序绝对一致。

2. 通电检查

(1)接通机床总电源。检查 CNC 电箱、主轴电动机冷却风扇、机床电器箱冷却风扇的转向是否正确,润滑、液压等处的油标指示及机床照明灯是否正常,各熔断器有无损坏,如有异常应立即停电检修,无异常可以继续进行。

(2)测量强电各部分的电压,特别是供 CNC 及伺服单元用的电源变压器的初、次级电压,并做好记录。另外,要检查各部分有无漏油,如有漏油应立即停电修理或更换。

(3)按 CNC 电源通电按钮,接通电源。观察 CRT 显示,直到出现正常画面为止。查看有无报警显示。

(4)检查机床的数控系统及可编程控制器的设定参数是否与随机表中的数据一致。

(5)试验各主要操作功能、安全措施、运行行程及常用指令执行情况等,如手动操作方式、点动方式、编辑方式(EDIT)、数据输入方式(MDI)、自动运行方式(MEMORY)、行程的极限保护(软件和硬件保护),以及主轴挂挡指令和各级转速指令等是否正确无误。

(6)最后检查机床辅助功能及附件的工作是否正常,如机床照明灯、冷却防护罩和各种护板是否齐全;切削液箱加满切削液后,试验喷管能否喷切削液,在使用冷却防护罩时是否外漏;排屑器能否正常工作;主轴箱、恒温箱是否起作用及选择刀具管理功能和接触式测头能否正常工作等。

(7)对于加工中心,还应调整机械手的位置。调整时,让机床自动运行到刀具交换位置,以手动操作方式调整装刀机械手和卸刀机械手对主轴的相对位置,调整后紧固调整螺钉和刀库地脚螺钉。然后装上几把接近允许质量的刀柄,进行多次从刀库到主轴位置的自动交换,以动作正确、不撞击和不掉刀为合格。

3. 机床试运行

数控机床安装调试完毕后,要求整机在带一定负载条件下经过一段时间的自动运行,较全面地检查机床功能及工件可靠性。运行时间一般采用每天运行 8 h,连续运行 2～3 天,或者 24 h 连续运行 1～2 天,这个过程称为安装后的试运行。试运行中采用的程序叫拷机程序,可以直接采用机床厂调试时用的拷机程序,也可以自编拷机程序。拷机程序中应包括:数控系统主要功能的使用(如各坐标方向的运动、直线插补和圆弧插补等),自动更换取用刀库中 2/3 的刀具,主轴的最高、最低及常用的转速,快速和常用的进给速度,工作台面的自动交换,主要 M 指令的使用及宏程序、测量程序等。试运行时,机床刀库上应插满刀柄,刀柄质量应接近规定质量,交换工作台面上应加上负载。在试运行中,除操作失误引起的故障外,不允许机床有故障出现,否则表示机床的安装调试存在问题。

1. 数控车床刀架与普通车床刀架的区别是什么?
2. 安装刀架的注意事项有哪些?

"三秦工匠"王卓岗:匠心研磨"镜面"人生

"王卓岗师傅研磨出的零件平面光度比镜子还要光,都能当镜子使用。"工友们对王卓岗技能水平由衷地赞赏。

王卓岗,航空工业庆安集团有限公司二厂研磨工、技师。

"心无旁骛地专注于一件事,做到极致。"

1989 年,王卓岗从技校毕业成为庆安公司的一名研磨工。从那时起,他就下决心要成为一名出色的研磨工,成千上万个日子里,王卓岗坚守在研磨台前,用三十年的时间追逐着这个梦。

作为精密研磨技术带头人,他精通阀组件的研磨配套及同步性的研配,液压伺服阀精密加工及平面、球体、内孔,以及有色金属铝合金、铜合金、橡胶圈、粉末冶金、石墨等高精度研磨,主要从事阀类零件的精密研磨配套工作。

全国技术能手、陕西省杰出能工巧匠、陕西省劳动模范、"三秦工匠"、享受国务院政府特殊津贴等一系列荣誉,是对王卓岗三十年专心致力于研磨工艺的褒奖与肯定。

工欲善其事,必先利其器。在科技快速发展的今天,在研磨岗位三十年如一日的王卓岗凭借双手研磨出机床无法比拟的精密度。

他说:"其实掌握好技能,没有什么窍门,也没有捷径,任何手艺都是心无旁骛磨出来的。我不完美,但我的产品一定是完美的。"

任务四　机床导轨维护

知识链接

机床上的直线运动部件都是沿着它的床身、立柱、横梁等上的导轨(图 4-4-1)进行运动的。

从广义上讲:导轨副是用来支承和引导运动部件沿一定的轨道运动的。

图 4-4-1　导轨

1. 作用

导向:引导运动部件按给定运动轨迹准确运动,如图 4-4-2 所示。

支承:即保证运动部件在外力的作用下(运动部件本身的重量、工件重量、切削力及牵引力等)能准确地沿着一定方向的运动,如图 4-4-3 所示。

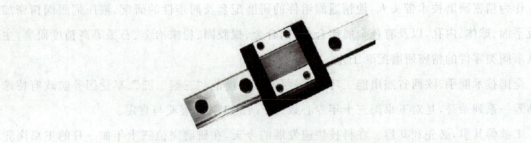

图 4-4-2 导向

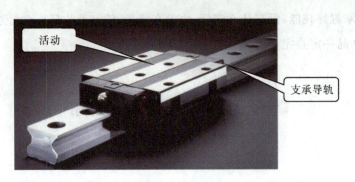

图 4-4-3 支承

2. 滑动导轨

滑动导轨(图 4-4-4)特征:滑动导轨和支承导轨之间为直接接触,滑动导轨面之间呈混合摩擦。

优点:结构简单、制造方便和抗振性良好,便于保持精度、刚度,适用于对低速均匀性及定位精度要求不高的机床。

缺点:摩擦系数大、磨损快、使用寿命短、低速易产生爬行。

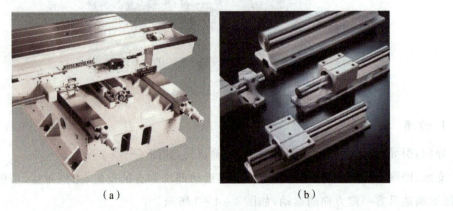

(a)　　　　　　　　　(b)

图 4-4-4 滑动导轨

3. 塑料导轨

塑料导轨(图4-4-5)分为贴塑导轨和注塑导轨。

优点：摩擦系数低而稳定，吸收振动、耐磨性好、化学稳定性好、维修方便、经济性好等。

缺点：易蠕变，在静载荷的长时间作用下，变形增加，且承载能力低，导热性差。

(a)

(b)

(c)

图4-4-5 塑料导轨

3. 滚动导轨

滚动导轨(图4-4-6)形式：运动件(动导轨)和承导件(静导轨)之间放置滚动体(滚珠、滚柱、滚针等)。

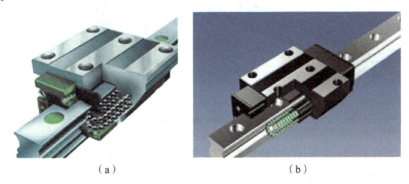

图4-4-6 滚动导轨

特点：滚动导轨由于滑动件与支承件之间是滚动摩擦，因此，摩擦系数小，且动静摩擦系数差别小，低速运动平稳，无爬行，运动灵活，定位精度高。

1)直线滚动导轨

直线滚动导轨与平面导轨一样，有两个基本元件：一个作为导向的为固定元件(导轨体)，另一个是移动元件(滑块)。它是将支承导轨和导向导轨组合在一起，如图4-4-7所示。

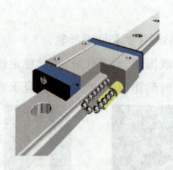

图 4-4-7 直线滚动导轨

直线滚动导轨被广泛用于中、小型精密数控机床上,特别是中小惯量的高速数控机床、激光切割机、数控车削中心等。

2)滚动导轨块

滚动导轨块结构如图 4-4-8 所示。使用时,导轨块装在运动部件上,每一导轨应至少用两块或更多块,导轨块的数目取决于导轨的长度和负载的大小。与之相对的导轨多用镶钢淬火导轨。

图 4-4-8 滚动导轨块

3)滚珠导轨

滚珠导轨如图 4-4-9 所示,这种导轨的滚动体为滚珠。由于滚珠与导轨面间是点接触,因而刚度低、承载力小。适用于载荷较小、切削力矩和颠覆力矩都较小的数控机床。

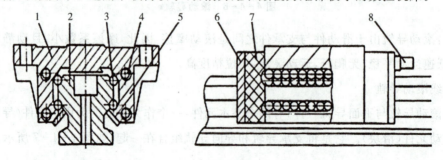

1—滑块;2—滑轨;3—滚珠;4—回珠孔;5—密封垫;6—端面密封垫;7—挡板;8—润滑嘴。

图 4-4-9 滚珠导轨

4）滚柱导轨

滚柱导轨如图4-4-10所示，这种导轨的滚动体为滚柱。由于滚柱与导轨面间是线接触，因而这种导轨的承载能力、刚度都比滚珠导轨大，适用于载荷较大的机床。

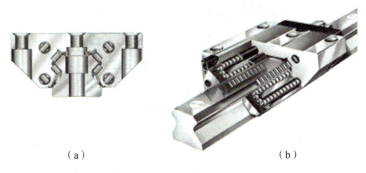

(a)　　　　　　　　　　　　(b)

图4-4-10　滚柱导轨

安装直线滚动导轨副时，应先将滑轨和滑块的侧基面靠上定位台阶，然后从另一面顶紧，最后用螺钉将滑轨及滑块分别固定，如图4-4-11所示。

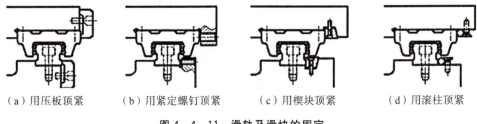

(a) 用压板顶紧　　(b) 用紧定螺钉顶紧　　(c) 用楔块顶紧　　(d) 用滚柱顶紧

图4-4-11　滑轨及滑块的固定

直线滚动导轨一般两条或两条以上配合使用，可以水平安装，也可以竖直安装，当长度不够时还可以多根拼接安装。

5. 静压导轨

静压导轨是将具有一定压力的油液经节流器输送到导轨面上的油腔中，形成承载油膜，将相互接触的导轨表面隔开，使导轨工作面处于纯液体摩擦状态。工作过程中，导轨面上油腔的油压可随外加载荷的变化自动调节。

这种导轨摩擦系数小（$\mu \approx 0.001$），所需驱动功率大大降低，导轨面不易磨损，能长期保持导轨的导向精度。又由于承载油膜有良好的吸振作用，因而抗振性好，运动平稳。缺点是结构复杂，需要有一套专门的供油系统，制造、调整都比较困难，成本高。主要用于大型、重型数控机床。

如图4-4-12所示为开式静压导轨工作原理图。来自液压泵的压力油，其压力为P_0，经节流器3后压力降至P_1，进入导轨的各个油腔内将动导轨浮起，使导轨面间形成一层厚度为h_0的承载油膜，油液通过此间隙流回油箱，压力降为零。当动导轨受到外载W时，动导轨向下产生一个位移，导轨间隙由h_0降为h（$h<h_0$），使回油压力增大，油腔中压力也相应增大变为P_0'（$P_0'>P_1$），以平衡负载，使导轨仍在纯液体摩擦下工作。

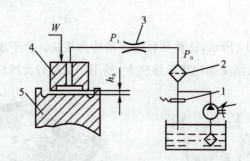

1—溢流阀;2—过滤器;3—节流器;4—运动导轨;5—支承导轨。

图 4-4-12 开式静压导轨工作原理

如图 4-4-13 所示为闭式静压导轨工作原理图。闭式静压导轨各方向导轨面上都开有油腔,所以它具有承受各方面载荷和颠覆力矩的能力。设油腔各处的压强分别为 P_1、P_2、P_3、P_4、P_5、P_6,当受颠覆力矩 M 时,P_1、P_6 处的间隙变小,而 P_3、P_4 处的间隙变大,因此 P_1、P_6 压力增大,而 P_3、P_4 压力变小,形成一个与颠覆力矩呈反向的力矩,从而使导轨保持平衡。

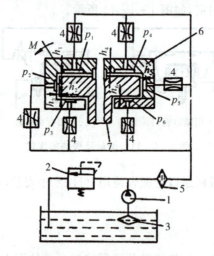

1—液压泵;2—溢流阀;3—过滤器;4—节流器;5—精过滤器;6—运动导轨;7—支承导轨。

图 4-4-13 阀式静压导轨工作原理

拆装目标

(1)熟练说出数控机床 CK7525A 的导轨结构、工作原理。

(2)能够合理选用工具、材料,用以维护数控机床导轨。

(3)能够合理设计导轨拆装工艺方案,并对导轨进行维护。

(4)遵守安全操作规程。

(5)严格执行实训室的 5S 要求。

滑动导轨间隙调整

导轨面间的间隙应适当。间隙太大,则运动不准确、不平稳,失去导向精度。间隙过小,则摩擦阻力大,使导轨磨损加剧。因此,导轨面间的间隙应当能够调整,以保证导轨有合理的间隙。

(1)采用镶条调整水平方向间隙。矩形导轨及燕尾形导轨水平方向的间隙不能自动补偿,一般采用镶条进行调整。镶条分平镶条和斜镶条两种。平镶条全长厚度相等,横截面为平行四边形或矩形,以其横向位移来调整间隙,如图 4-4-14(a)所示;斜镶条全长厚度变化,以其纵向位移来调整间隙,如图 4-4-14(b)所示。

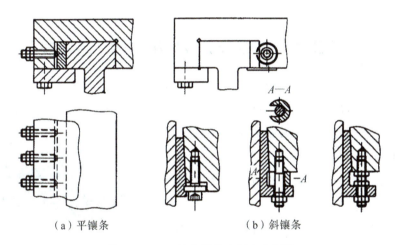

图 4-4-14 镶条调整水平方向间隙

(2)采用压板调整高度方向间隙。高度方向的间隙存留在压板与支承导轨的压板面之间,可通过压板进行调整。如图 4-4-15(a)所示,间隙大,可由钳工刮研,修磨 Y 面;间隙小,则修磨 X 面。图 4-4-15(b)和图 4-4-15(c)则是通过调整垫片的厚度来调整压板与支承导轨之间的间隙。

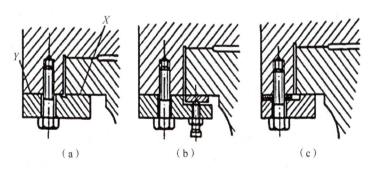

图 4-4-15 压板调整高度方向间隙

1. 机床导轨的功用是什么？
2. 修复机床导轨的方法有哪些？

"三秦工匠"李晓佳：数控机床的"活字典"

作为宝鸡机床集团有限公司数控一车间数控机床试车工，"以至诚之心做人，用唯美标准做事"是李晓佳的座右铭，把"用户是上帝"真正装在心里，用自己的行动，树立宝鸡机床形象。这些年，无论是国有大型企业，还是在越南、印度、缅甸、蒙古等国家服务中，他都一丝不苟，精益求精。

参加工作以来，凭着顽强的学习精神和刻苦钻研劲头，他先后获得了陕西省首席技师、陕西省技术状元、陕西省十大杰出能工巧匠、陕西省人大代表、陕西省三秦工匠等多项荣誉。21年来，李晓佳累计解决重大技术难题50多项，完成技术创新成果20多项，被公司领导和同事誉为名副其实的数控机床"活流程"和"活字典"。图为2019年9月3日，李晓佳正在调试工具，准备试切配件。

从普通工人到高级技师，李晓佳每一步都走得相当稳健。刚参加工作时感觉压力很大，有人跟我说会用机床就行了，但我觉得不行，必须要把设备的最大价值发挥出来。就这样，他买了专业书籍和师傅们一起学习，共同进步，通过努力，在实习的一年时间里他和师傅们共同解决了3项技术难题，使当时一种车床变速箱的精加工效率提高了20%。

"不能满足于简单操作"，怀着这样的信念，他不断总结，摸索规律，形成自己的一套加工方式，先后攻克了多项技术难题，为企业创造了可观的经济效益。

正是凭着这种不服输的劲头，李晓佳多次为客户解决技术难题，搭建起企业和客户之间的桥梁。在机床厂，流传着一句话——"有难题，让晓佳去"，这是对李晓佳的充分信任和肯定。

添 加 记 录

项目五 数控铣床认知与实践

任务一 主轴部件机构维修

知识链接

主传动系统

如图5-1-1所示为XK715型数控铣床的主传动系统图。功率为11 kW的主轴伺服电动机经同步齿形带及带轮带动主轴旋转,使主轴在50～8000 r/min的转速范围内实现无级调速。主传动采用带传动而不是齿轮传动,使主轴箱的结构变得简单,安装、调整及维修都很方便。

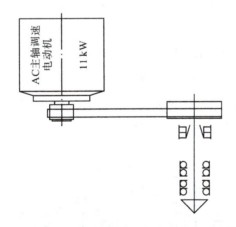

图5-1-1 XK715型数控铣床主传动系统图

主轴组件

如图5-1-2所示为XK715型数控铣床的主轴组件内部结构。主轴前支承采用四只一组的高精度角接触球轴承,轴承内孔为$\varphi65$,可同时承受轴向载荷及径向载荷。后支承采用单列圆柱滚子轴承,内孔1:12锥度,小端孔直径为$\varphi60$,可预紧,仅承受径向载荷。该主轴轴承配置形式保证了主轴具有较高的刚度,高速性能好。主轴套筒14外面装加有循环冷却水槽,通入冷却水或冷却油,可对高速旋转的主轴及主轴轴承进行冷却,以保证主轴长时间运转的精度不变。

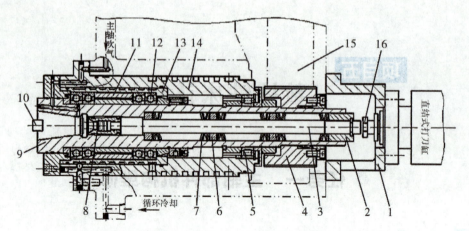

1—气缸座；2—螺母；3—拉杆；4—带轮；5—后轴承；6—隔圈；7—碟形弹簧；8—卡爪；
9—主轴；10—端面键；11—轴承隔套(内/外)；12—前轴承；13—水套；14—主轴套筒；
15—皮带；16—活塞。

图 5-1-2　XK715 型数控铣床主轴组件

1. 主轴内刀具的自动夹紧机构

主轴内刀具的自动夹紧机构又称拉刀机构。数控铣床只有一根主轴，每次只能装夹一把刀具，所以一道工序加工完后，需更换另一把刀具。为了实现刀具在主轴内的装卸，主轴内设计有刀具的自动夹紧机构。

刀柄采用 7∶24 的大锥度锥柄，如图 5-1-3 所示。大锥度锥柄既利于定心，也为刀具的夹紧和松开带来了方便。在图 5-1-2 中，刀柄的尾端安装有拉钉，拉杆 3 通过卡爪 8 拉住拉钉，使刀具在主轴锥孔内定位及夹紧。拉紧力由碟形弹簧产生，40 号刀柄拉紧力约为 1000 kN，50 号刀柄约拉紧力为 1500 kN 拉紧力。

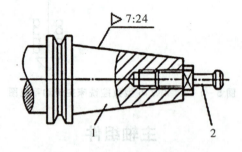

1—刀柄；2—拉钉。

图 5-1-3　刀柄示意图

换刀时，主轴需松开刀具。这时，安装于主轴后端的直结式打刀缸右腔通气，推动气缸内的活塞 16 左移，推动拉杆 3 向左移动，拉杆前端的卡爪 8 也左移，此时碟形弹簧 7 处于受压缩状态。卡爪前部进入主轴锥孔上端的槽内后张开，松开刀柄尾部的拉钉，如图 5-1-4(a)所示，此时可以拔刀。之后,压缩空气进入,吹净主轴锥孔,为装入新刀具做好准备。当新刀具插入主轴后,直结式打刀缸左腔通气,推动活塞 16 向右移,这时,碟形弹簧 7 弹性恢复,使拉杆和卡爪向右移动,卡爪行至狭窄处向内收拢,拉紧刀柄尾部的拉钉,使刀具被夹紧,如图 5-1-4(b)所示。

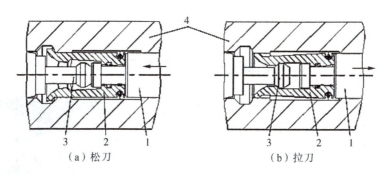

1—拉杆;2—卡爪;3—拉钉;4—主轴。

图 5-1-4 刀柄尾部的拉紧机构

故障现象:开机后主轴不转动。

故障可能原因及排除:

(1)主传动电动机烧坏,失去动力源 →检查电动机→电机运转良好。

(2)V 形皮带过长打滑,带不动主轴 →调整 V 形皮带松紧程度→主轴仍无法转动。

(3)带轮的键或键槽损坏,带轮空转 →检查传动键→没有损坏。

(4)传动轴上的齿轮或轴承损坏,造成了传动卡死 →拆下传动轴发现轴承因缺乏润滑而烧毁,将其拆下后,手动转动主轴正常。

故障现象:开机后主轴不转动。

处理过程:将轴承装上后试验主轴运动正常,但主轴制动时间较长,这时就应调整摩擦盘和衔铁之间的间隙,将衔铁和摩擦盘间隙调至 1 mm 之后,用螺母将其锁紧之后再试车,主轴制动迅速,故障排除。

主轴在强力切削时停转:

(1)主轴电动机与主轴连接的传动带过松。

(2)传动带表面有油,造成主轴传动时传动带打滑。

(3)传动带使用过久而失效,造成主轴电动机转矩无法传动,强力切削时主轴转矩不足。

(4)主轴传动机构中的离合器、联轴器连接、调整过松或磨损,造成主轴电动机转矩传动误差过大,强力切削时主轴振动强烈。

大国工匠——王树军

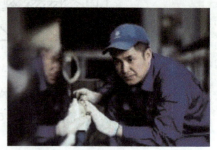

他是维修工,也是设计师,更像是永不屈服的斗士!临危请命,只为国之重器不能受制于人。他展示出中国工匠的风骨,在尽头处超越,在平凡中非凡,他就是潍柴动力股份有限公司一号工厂机修钳工王树军。

王树军致力于中国高端装备研制,不被外界高薪诱惑,坚守打造重型发动机"中国心"。他攻克的进口高精加工中心光栅尺气密保护设计缺陷,填补国内空白,成为中国工匠勇于挑战进口设备的经典案例。他独创的"垂直投影逆向复原法",解决了进口加工中心定位精度为千分之一度的 NC 转台锁紧故障,打破了国外技术封锁和垄断。

所获荣誉:山东省十大"齐鲁工匠"、齐鲁首席技师、山东省有突出贡献技师、富民兴鲁劳动奖章、山东省省管企业道德模范。

任务二 主轴准停装置拆装

主轴准停装置

主轴准停又称主轴定位或主轴定向,即当主轴停止时,能够准确地停在某一固定的位置,这是自动换刀所必需的功能。加工中心的切削转矩由主轴上的端面键来传递,每次机械手自动装取刀具时,必须保证刀柄上的键槽对准主轴的端面键,这就要求主轴具有准确定位的功能。为满足主轴这一功能而设计的装置称为主轴准停装置或主轴定向装置。

现代数控机床采用电气方式定位较多,其结构简单,定向时间短,可靠性高。电气方式定位一般有两种方式。

一种是用磁性传感器检测定位,如图 5-2-1 所示,在主轴上安装一个永久磁铁 2 与主轴一起旋转,在距离永久磁铁1~2 mm处固定一个磁传感器3,它经过放大器与主轴控制单元相连接,当主轴需要定向时,便可停止在调整好的位置上。磁力传感器检测定向准停装置框图如图5-2-2所示。

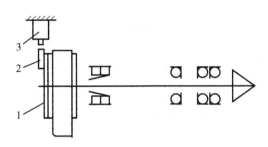

1—垫片;2—永久磁铁;3—磁传感器。

图5-2-1 用磁传感器的主轴准停装置

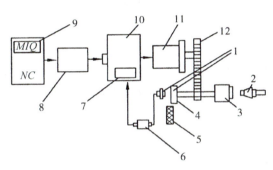

1—位置控制回路;2—刀具;3—主轴;4—发磁体;5—磁传感器;6—放大器;7—定向电路;
8—强电时序电路;9—主轴定向指令;10—主轴伺服单元;11—主轴电动机;12—传动带。

图5-2-2 磁力传感器检测定向准停装置框图

一种是用位置编码器检测定位,这种方法是通过主轴电动机内置安装的位置编码器或在机床主轴箱上安装一个与主轴1∶1同步旋转的位置编码器来实现准停控制,准停角度可任意设定,如图5-2-3所示。

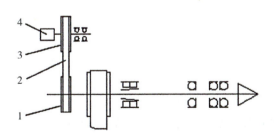

1,3—带轮;2—同步带;4—位置编码器。

图5-2-3 用位置编码器的主轴准停装置

机械式主轴准停装置如图 5-2-4 所示。

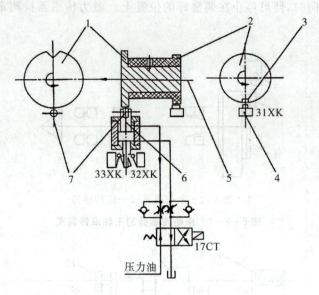

1—精定位盘；2—粗定位盘；3—感应块；4—无触点开关；5—主轴；6—定向活塞；7—滚轮。

图 5-2-4 机械式主轴准停装置

检修实例：主轴准停位置不准的故障排除。

故障现象：某加工中心主轴准停位置不准，引发换刀过程发生中断。

故障分析：经检查，主轴准停后发生位置偏移，且主轴在准停后如用手碰一下（和工作中在换刀时当刀具插入主轴时的情况相近）主轴会产生向相反方向漂移。检查电气部分无任何报警，检查机械连接部分，当检查到编码器的连接时发现编码器上连接套的紧定螺钉松动，造成与主轴的连接部分间隙过大使旋转不同步。

故障排除：将紧定螺钉按要求固定好，故障排除。

主轴准停装置维护。

对于主轴准停装置的维护，主要包括以下几个方面：

(1) 经常检查插件和电缆有无损坏，使它们保持接触良好。

(2) 保持磁传感器上的固定螺栓和连接器上的螺钉紧固。

(3) 保持编码器上连接套的螺钉紧固，保证编码器连接套与主轴连接部分的合理间隙。

(4) 保证传感器的合理安装位置。

想一想

1. 主轴准停是指主轴能实现（　　）。
   A. 准确的周向定位　　B. 准确的轴向定位　　C. 精确的时间控制
2. 数控机床的准停功能主要用于（　　）。
   A. 换刀和加工中　　B. 退刀　　C. 换刀和退刀
3. 主轴准停装置常有（　　）方式。
   A. 机械　　B. 液压　　C. 电气　　D. 气压
4. 数控机床主轴准停装置有_____、_____两类。
5. 数控机床主轴电气准停有_____、_____和_____三种形式。
6. 采用磁传感器准停止时,接收到数控系统发来的准停信号 ORT,主轴立即加速或减速至某一_____。主轴到达_____且_____到达时,主轴即减速至某一_____。然后当磁传感器信号出现时,主轴驱动立即进入磁传感器作为反馈元件的闭环控制,目标位置即为_____。
7. 加工中心在换刀时,必须实现_____。
8. 数控系统主轴准停方式,其数控系统必须是_____。

匠心筑梦

"三秦工匠"、陕西劳模——刘浩

中国航天科技集团公司第四研究院 7416 厂固体火箭发动机装配工,国家高级技师,全国技术能手,集团公司刘浩技能大师工作室带头人,所带班组被航天四院党委命名为"刘浩班组"。个人先后获得"航天技术能手""航天人才培养先进个人""载人航天先进个人""航天奖""陕西省劳动模范""陕西省十大杰出工人""陕西省劳动竞赛标兵"、国务院国资委"神舟九号天宫一号交会对接优秀共产党员""中国航天基金奖""国务院政府特殊津贴"等。

"我对航天工作的定位就是坚持。"

来到技能大师工作室,映入眼帘的便是一排的主题年海报、一桌子的期刊、一整面墙的工具装置。

"三个坚持"是刘浩对开展航天工作的传承与创新,也可以说是"刘浩班组"的"制胜法宝"。

坚持办主题年,从 2008 年开始,给每一年定一个主题,每年都有一个目标,就这样坚持了十年,刘浩带领班组一步步走到了今天。

坚持工具创新,访者看到一整面墙的工具装置,"红色的是已经实现了其价值的创新装置,没上色的是最近发明出来的装置。"刘浩向我们这样介绍,坚持百件工具创新,有了新的创新工具,才能提高工作效率。

坚持每季度办一次期刊,刘浩向我们这样介绍到:"这个事不是一年两年干的,而是干了十来年,一直坚持到现在,通过期刊,我们互相交流学习,相互提高。坚持这件事情,刚开始有人可能不理解,但是时间会慢慢体现它的价值。"

通过三个坚持,刘浩带领的班组连续六年被评为金牌班组。

任务三　联轴器松动的调整

知识链接

数控机床进给传动机构中,常采用电机经联轴器与丝杠螺母副直联的传动方式。

联轴器:用来把两轴连接在一起,以传递运动与转矩,机器停止运转后才能接合或分离的一种装置,如图5-3-1。

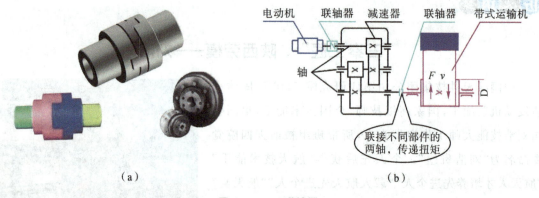

图 5-3-1　联轴器

(1)功用:

①用于连接轴与轴,以传递运动与转矩。

②补偿所连两轴的相对偏移。

③可用作安全装置:作为一种安全装置用来防止被连接件承受过大的载荷,起到过载保护的作用。

④吸振、缓冲。

(2)特点:用联轴器连接的两轴只有在机器停车后,经拆卸才能使两轴分开。

离合器:机器运转中,可根据需要将两轴分离或结合。

(3)分类:按结构特性分,可分为刚性联轴器和挠性联轴器。

刚性联轴器:适用于两轴能严格对中,并在工作中不发生相对位移的地方,如凸缘联轴器。

挠性联轴器:适用于两轴有偏斜或工作中有相对位移的地方。

故障现象:一台数控车床,加工零件时,常出现径向尺寸忽大忽小的故障。

分析及处理过程:检查控制系统及加工程序均正常,然后检查传动链中电动机与丝杠的连接处,发现电动机联轴器紧固螺钉松动,使得电动机轴与丝杠产生相对运动。由于半闭环系统的位置检测器件在电动机侧,丝杠的实际转动量无法检测,从而导致零件尺寸不稳定。

紧固电动机联轴器后故障消除。

联轴器松动的调整

联轴器承受的瞬间冲击较大,容易引起联轴器松动和扭转。在实际加工时,主要表现为各方向运动正常、编码器反馈也正常、系统无报警,而运动值却始终无法与指令值相符合,加工误差值越来越大,甚至造成加工的零件报废。

联轴器按结构可分为刚性联轴器和挠性联轴器两种形式,可按其结构分别加以处理。

刚性联轴器松动的调整:

第一种方法,采用特制的小头带螺纹的圆锥销,用螺母加弹性垫圈锁紧,防止圆锥销因快速转换而引起的松动。

第二种方法,采用两只一大一小的弹性销取代圆锥销连接,这种方法虽然没有圆锥销的连接方法精度高,但能很好地解决圆锥销松动问题,而且结构紧凑,装配也十分方便。

1.不同联轴器的用途是什么?

2.联轴器的功用是什么?

"战机医生"陈卫林
20年成就航修大师 工匠精神代代传承

陈卫林是国有芜湖机械厂的首席技师,主要从事关键、核心零部件生产加工,因为专业技能高超，在许多精度高、加工难度大、形状复杂、任务紧急的零部件生产中，陈卫林被指定为唯一的加工者，可以说，他是一位为战斗机"治病"的"医生"。

从"新人"到"大师"青出于蓝而胜于蓝

从"徒弟"到"师傅"工匠精神代代相传

陈卫林表示，自己之所以能够二十年如一日地潜心钻研技术，有一个人对他的影响很大，那就是他的父亲。陈卫林出身农村，家庭条件并不富裕，他的父亲从事的是"弹棉花"的手艺活儿，因为弹得好而在当地小有名气。陈卫林刚参加工作时，时常受到父亲的教诲：做一行就要认真执着地把这一行做到最好。

▶ 任务四　拆装 Z 轴进给系统

知识链接

如图 5-4-1 所示，XK715 数控铣床的进给包括 X 轴、Y 轴和 Z 轴进给。三轴进给均由交流伺服电动机驱动，通过弹性联轴器直接带动滚珠丝杠旋转，三轴丝杠上的螺母分别带动工作台、中拖板、主轴箱移动，滚珠丝杠的螺距为 10 mm。由于主轴箱垂直运动，为防止滚珠丝杠因不能自锁而导致主轴箱惯性下滑，Z 轴伺服电机带有制动器。

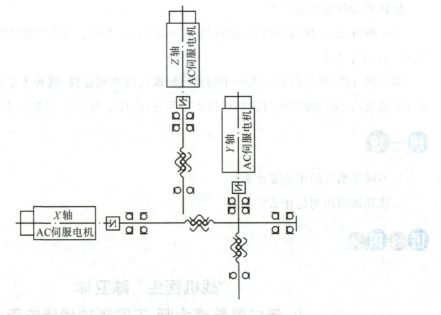

图 5-4-1　XK715 型数控铣床进给传动系统图

1. X 轴进给传动装置

因 X 轴行程较长(1000 mm),故滚珠丝杠的两端支承均采用成对角接触球轴承,背靠背安装。丝杠为两端固定的支承形式,安装时需预拉伸,其结构和工艺都较复杂,但是可以保证和提高丝杠的轴向刚度。

2. Y 轴、Z 轴进给传动装置

由于 Y 轴、Z 轴行程相对较短,故滚珠丝杠的前支承由成对角接触球轴承组成,后支承则只用一只向心球轴承。丝杠的支承形式为一端固定、一端浮动,丝杠受热膨胀可以向后端伸长。

3. 确定 Z 轴主要拆装部件

Z 轴:进给系统拆装主要部件为伺服电机、联轴器、滚珠丝杠、丝杠轴承、主轴箱、行程开关、平衡装置。

拆装目标

(1)了解常用数控机床进给系统组成。

(2)掌握进给系统的结构原理及各零配件的功能、原理。

(3)能够顺利阅读数控机床制造商提供的相关图纸资料、FANUC 0i－MC 或 SIEMENS 802C 数控系统说明书、数控机床维修说明书等技术资料。

(4)能够按顺序正确拆装 Z 轴进给系统。

(5)能够针对出现的数控机床各进给轴系统的机械故障进行分析判断并进行维修。

(6)能根据机床数控系统报警或故障现象,对 FANUC 0i－MC、SIEMENS802C 进给驱动系统进行故障诊断与维修。

拆装要领

1. 确定拆卸顺序

(1)先起动液压系统,使平衡液压缸工作,拆下 Z 轴伺服电动机。

(2)关闭液压系统,为防止主轴箱下滑,支撑 Z 轴滑座。

(3)拆下下护板。

(4)用专用扳手松开上、下丝杠轴承螺母(先松防松螺母)。

(5)旋转丝杠顶出上、下向心-推力组合轴承。

(6)拆除丝杠螺母法兰的固定螺栓,从上方旋出螺母。

(7)为便于检查丝杠与螺母的磨损情况及调整其间隙,需将上、下轴承座拆除,取出丝杠副。

2. 确定装配顺序

(1) 装配顺序基本上是拆卸顺序的颠倒。

(2) 旋上固定丝杠螺母法兰的固定螺栓,逐步将螺栓旋紧,暂不装上、下护板。

(3) 旋紧丝杠下轴承螺母之前,先将主轴箱摇到丝杠最上端位置,起动液压平衡液压缸工作,去掉主轴箱的防落支撑;为避免影响下螺母拉伸丝杠的固紧力,要将下轴承上端的螺母松几牙螺纹。

(4) 检查电动机与丝杠联轴器的键槽和爪槽,其配合不得松动。

(5) 调整主轴箱在 Z 轴立柱导轨 Y 轴方向的压紧滚轮。允许滚轮中心线与 Z 轴立柱导轨面有不大的偏斜。该压紧机构在任何位置上夹紧后均能自锁。将主轴箱摇到立柱最上端,将丝杠螺母法兰上的固定螺钉旋紧。最后装好上、下护板。

1. 伺服进给系统的组成及特点是什么?
2. 进给伺服系统的常见故障及诊断方法有哪些?

大国工匠——陈行行

青涩年华化为多彩绽放,精益求精铸就青春信仰。大国重器的加工平台上,他用极致书写精密人生。胸有凌云志,浓浓报国情,他就是中国工程物理研究院机械制造工艺研究所工人陈行行。

陈行行从事保卫祖国的核事业,是操作着价格高昂、性能精良的数控加工设备的新一代技能人员,优化了国家重大专项分子泵项目核心零部件动叶轮叶片的高速铣削工艺。他精通多轴联动加工技术、高速高精度加工技术和参数化自动编程技术,尤其擅长薄壁类、弱刚性类零件的加工工艺与技术,是一专多能的技术技能复合型人才。

所获荣誉:全国五一劳动奖章、全国技术能手、四川工匠。

添 加 记 录

项目六　加工中心认知与实践

任务一　主轴部件拆装与维修

知识链接

主轴部件

主轴部件是机床的一个重要部件,它包括主轴、主轴的支承、安装在主轴上的传动零件等。主轴部件带动工件或刀具按照系统指令进行切削运动,因此它的精度、抗振性和热变形直接影响加工质量。

1. 主轴

主轴的端部用于安装刀具或夹具,其结构都已标准化。如表6-1-1所示为数控机床常用的几种主轴端部结构。

表6-1-1　数控机床的主轴轴端结构

序号	主轴轴端形状	应用	序号	主轴轴端形状	应用
1	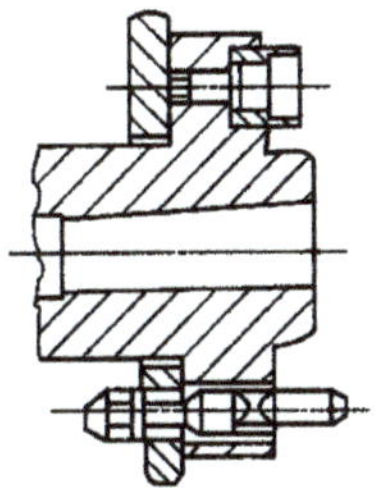	数控车床	3	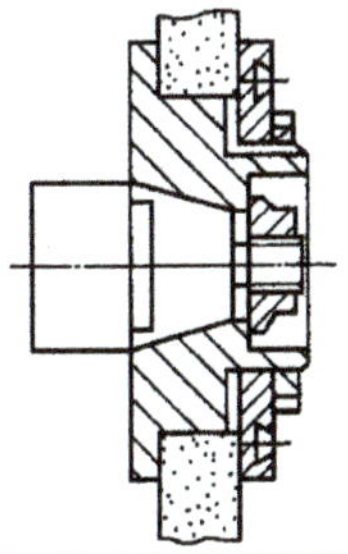	外圆磨床、平面磨床、无心磨床等的砂轮主轴
2	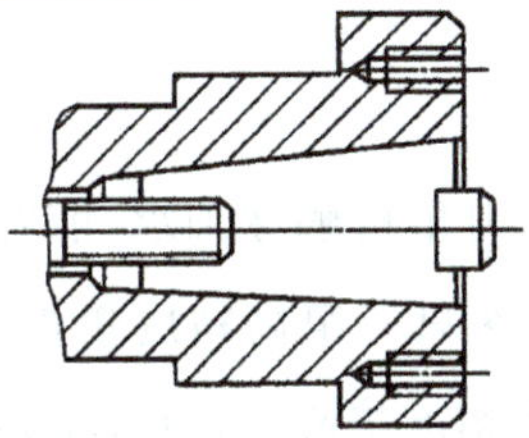	数控镗铣床和加工中心	4	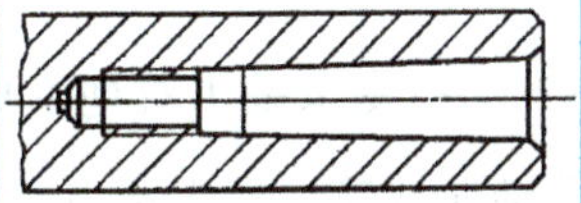	内圆磨床砂轮主轴

2. 主轴轴承

主轴轴承作为主轴的支承,它的类型、结构、精度、配置、润滑等直接影响主轴部件的工作性能。在数控机床上多采用滚动轴承作为主轴支承,因为滚动轴承摩擦系数小,预紧方便,维修润滑简单。滚动轴承由内圈、外圈、滚动体和保持架组成,如图6-1-1所示。轴承外圈嵌入座孔中,内圈紧固于轴颈上,滚动体由保持架隔开,使其均匀地分布于滚道内。常见的滚动体有球、圆柱滚子、圆锥滚子等。

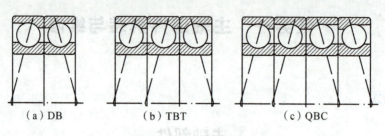

(a) DB　　　　(b) TBT　　　　(c) QBC

图6-1-1　滚动轴承

主轴支承分为前支承和后支承。前、后支承分别使用何种轴承搭配,称为轴承的配置形式。数控机床常见的主轴轴承配置形式有三种,如图6-1-2所示。

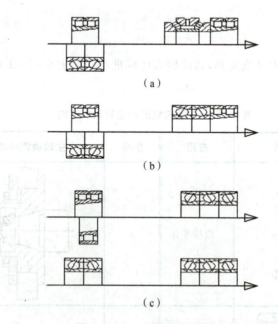

图6-1-2　主轴轴承配置形式

图6-1-2(a)前支承采用双列圆柱滚子轴承和60°双向推力角接触球轴承,前者承受径向载荷,后者承受轴向载荷。后支承可采用双列圆柱滚子轴承或两只一组高精度角接触球轴承,只用来承受径向载荷。这种配置形式使主轴的综合刚度得到大幅度提高,可以满足强力切削的

要求,但由于前支承所用轴承结构复杂且尺寸较大,使主轴的极限转速受限,因此适用于低速、重载的数控机床主轴。

图6-1-2(b)前支承采用双列圆柱滚子轴承与两只一组的高精度角接触球轴承,前者承受径向载荷,后者主要承受轴向载荷。后支承可采用双列圆柱滚子轴承或两只一组高精度角接触球轴承,只用来承受径向载荷。这种配置形式也适用于低速、重载的数控机床主轴。

图6-1-2(c)前支承采用成组(可以两只一组、三只一组或四只一组)高精度角接触球轴承,可以同时承受径向载荷和轴向载荷。后支承采用双列圆柱滚子轴承,或单列圆柱滚子轴承,或两只一组高精度角接触球轴承,只用来承受径向载荷。这种配置形式因轴承的承载能力小,因而适用于高速、轻载和精密的数控机床主轴。

JCS-018加工中心的主轴部件如图6-1-3所示。

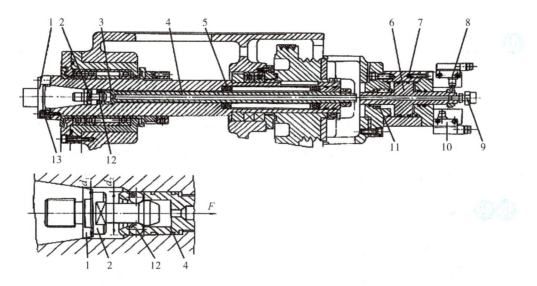

1—刀架;2—拉钉;3—主轴;4—拉杆;5—碟形弹簧;6—活塞;7—液压缸;
8,10—行型开关;9—压缩空气管接头;11—弹簧;12—钢球;13—端面键。

图6-1-3 JCS-018加工中心的主轴部件

主轴卸荷装置如图6-1-4所示。

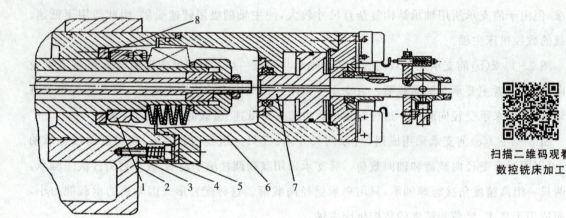

扫描二维码观看
数控铣床加工

1—螺母；2—箱体；3—连接座；4—弹簧；5—螺钉；6—液压缸支架；7—活塞；8—垫片。

图6-1-4　主轴卸荷装置

故障现象：TH5840立式加工中心换挡变速时，变速汽缸不动作，无法变速。

故障可能原因及处理：

(1)气动系统压力太低或流量不足 →检查气动系统的压力，压力表显示压力正常。

(2)气动换向阀电磁铁已带电 →用手动换向阀，变速气缸动作 →判定气动换向阀有故障→拆下气动换向阀，检查发现有污物卡住阀芯 →进行清洗后，重新装好，故障排除。

拆装要领

1. 拆除拉刀杆上面的抓刀卡爪

机床控制面板MCP中的功能位的多段开关打到手动模式，按住松刀按钮处于松刀状态的时候用一个8 mm的内六角扳手从主轴锥孔中放进去就可送掉卡爪及取出。

2. 拆除主轴箱上面的外围钣金及打刀缸

(1)首先拆除主轴箱上面的钣金就可以看到打刀缸了(图6-1-5)。

(2)将打刀缸上面与外围链接的蓝色气管有关联做好标识的，然后拍掉急停拔掉气管。再就是用10 mm的内六角扳手先拆掉打刀缸与主轴箱之间通过过渡板链接锁紧打刀缸的螺丝，在拆掉带有弹簧的螺丝，最后拿掉打刀缸放置一旁。

项目六 加工中心认知与实践

图 6-1-5 打刀缸

(3)拆除打刀缸后就可以看打刀缸与主轴箱之间的过渡板,还有拉刀杆的锁紧压盖(带螺纹的),如图 6-1-6 所示,接下来拆掉拉刀杆锁紧压盖从主轴锥孔中由下向上顶出拉刀杆(图 6-1-7),拆掉过渡板就可以看到皮带轮了。

图 6-1-6 锁紧压盖

图 6-1-7 拉刀杆

3. 松掉主轴皮带轮上面的皮带

(1) 松掉主轴电机上面的固定螺栓,放松皮带使皮带轮能与皮带可以脱离,然后松掉主轴锥孔端面上的锁紧螺丝,最后留一两个螺丝。

(2) 在工作台上垫上能搁置主轴的支撑物,然后用手轮将 Z 轴慢慢摇到支撑物上面,拆去剩余的螺丝,摇动手轮慢慢上升使主轴自然下落,或是在主轴上用木头慢慢地敲击使其下落,等主轴完全脱离主轴箱就可以见到整个主轴了,主轴拆卸完毕(图 6-1-8)。

图 6-1-8 拆卸主轴

刀具无法夹紧。

(1) 碟形弹簧位移量太小,使主轴抓刀、夹紧装置无法到达正确位置,刀具无法夹紧。

(2) 弹簧夹头损坏,使主轴夹紧装置无法夹紧刀具。

(3) 碟形弹簧失效,使主轴抓刀、夹紧装置无法运动到达正确位置,刀具无法夹紧。

(4) 刀柄上拉钉过长,顶撞到主轴抓刀、夹紧装置,使其无法运动到达正确位置,刀具无法夹紧。

大国工匠——谭文波

听诊大地弹指可定;相隔厚土锁缚"气海油龙"。宝藏在黑暗中沉睡,他以无声的温柔唤醒。他用黑色的眼睛,闪亮石油的"中国路径",他就是中国石油集团西部钻探工程有限公司石油公司试油工谭文波。

谭文波坚守大漠戈壁 20 多年,是油田里的"土发明家"。他领衔发明的具有自主知识产权的新型桥塞坐封工具,投入使用上千井次。他解决一线生产疑难问题 30 多项,技术转化革新成果 4 项,获得国家发明专利 4 项,实用新型专利 8 项。他还培养出一大批青年技术骨干,为企业创收近亿元。

所获荣誉:全国五一劳动奖章、最美职工。

任务二　刀库拆装与维修

知识链接

刀库概述

刀库(图6-2-1)系统是提供自动化加工过程中所需的储刀及换刀需求的一种装置,其自动换刀机构可以储放多把刀具的刀库,改变了传统以人为主的生产方式。借由电脑程序的控制,可以完成各种不同的加工需求,如铣削、钻孔、镗孔、攻牙等。大幅缩短加工时程,降低生产成本是刀库系统的最大特点。

近年来,刀库的发展已超越其为工具机配件的角色,在其特有的技术领域中发展出符合工具机高精度、高效能、高可靠度及多工复合等概念产品。其产品品质的优劣,关系到工具机的整体效能表现。

图6-2-1　刀库

1.刀库主要构件

刀库主要是提供储刀位置,并能依程序的控制,正确选择刀具加以定位,以进行刀具交换;换刀机构则是执行刀具交换的动作。刀库必须与换刀机构同时存在,若无刀库则加工所需刀具无法事先储备;若无换刀机构,则加工所需刀具无法自动更换,而失去降低非切削时间的目的。此二者在功能及运用上相辅相成,缺一不可。

2.刀库分类

(1)盘式刀库:结构简单,应用较多,但由于刀具环形排列,空间利用率低,因此刀具在盘中多采用双环或多环排列,以增加空间利用率。但这样做会使刀库的外径过大,转动惯量过大,选刀时间过长,因此盘式刀库一般用于刀具较少的刀库,刀具的存储量一般为15~40把,如图6-2-2所示。

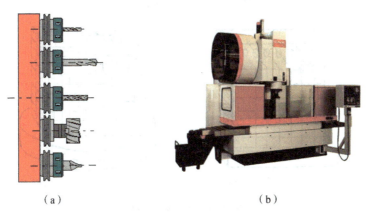

(a)　　　　　　　　　　　　　(b)

图6-2-2　盘式刀库

(2)链式刀库：结构紧凑，刀库容量较大，链环的形状可以根据机床的布局制成各种形状，也可将换刀位突出以便于换刀。当链式刀库需要增加刀具数量时，只需增加链条的长度即可。在一定范围内，不用改变线速度和惯量。一般当刀具数量在30～120把时，多采用链式刀库，如图6-2-3所示。

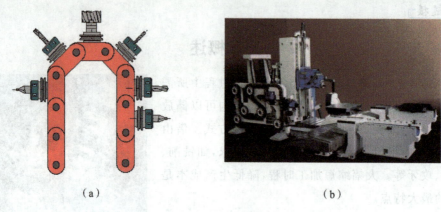

图6-2-3 链式刀库

(3)密集型的鼓轮弹仓式刀库(图6-2-4)或格子式刀库(图6-2-5)，虽然占地面积小，结构紧凑，在相同的空间内可容纳的刀具数目较多，但是由于它的选刀和取刀动作复杂，现在已很少用于单机加工中心，多用于柔性制造系统(FMS)的集中供刀系统。

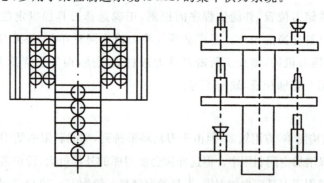

图6-2-4 鼓轮弹仓式刀库

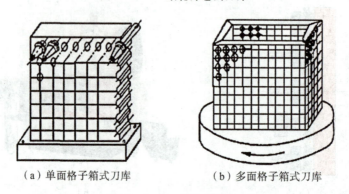

图6-2-5 格子式刀库

3. 选刀及刀具识别

1) 刀库的选刀方式

(1) 顺序选刀：刀库中的刀具位置严格按所需加工零件的加工顺序排列，加工时按顺序调刀。

优点：刀库的驱动和控制简单，不需要刀具识别装置，维护简单。

缺点：加工不同的工件时必须重新调整刀库中的刀具顺序，操作烦琐，降低系统的柔性。加工同一工件时各工序的刀具不能重复使用，增加了刀具数量和刀库存储量，而且由于刀具的尺寸误差也容易造成加工精度的不稳定。为避免加工事故，操作人员必须在加工前仔细检查刀具的排列顺序。

这种方式适合用于加工批量较大、工件品种数量较少的中小型自动换刀数控机床。

(2) 任意选刀：需预先将刀库中的每把刀具（或每个刀座）进行编码，使之具有可识别的代码。因此刀具在刀库中的位置不必按照零件的加工顺序排列。换刀时，通过刀具或刀座识别装置来识别和选择所需的刀具。

优点：刀库中刀具的排列顺序与加工零件的加工顺序无关，增加了系统的柔性。同一工具可供不同工件、不同工步共同使用，减少刀具数量和刀库存储量。

缺点：需设置刀具识别装置，使刀库的控制与驱动复杂。需对刀具或刀座编码，增加了辅助工作量。维护比顺序选刀方式要复杂。

这种方式适合于多品种小批量的随机生产，并可加工较复杂的零件。

2) 刀具的识别

(1) 刀具编码：此方式对每把组装刀具都进行二进制编码，并设法把此编码信息的载体以某种方式固定在刀具上，如图 6-2-6 所示，由于各种刀具的夹头相同而几何形状和尺寸不同，为便于识别，一般都把代码信息载体固定在组装刀具的夹头上。这样刀具可随机存放在任意刀座内，但刀具夹头必须专门设计和制造。

由于每把刀具都带有专用的编码，使刀具的长度加长，制造困难，刀具刚度降低，同时使得刀库和机械手的结构也变得复杂。

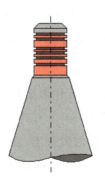

图 6-2-6 刀具编码

(2)刀座编码:此方式对刀库的每个刀座进行编码,并将此编码信息的载体以某种方式固定在各相应的刀座上便于识别的地方,如图6-2-7所示。

此方式只识别刀座不识别刀具。因此各刀具必须"对号入座",已使用过的刀具也需放回刀库原来的刀座中,否则将发生错误和混乱。

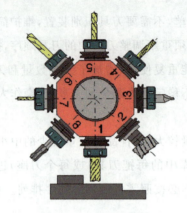

图6-2-7 刀座编码

(3)刀具的识别方法:刀具编码的识别方法有接触式和非接触式两类。前者的编码信息载体和识别装置有磨损问题,因而当前主要采用非接触式。通常应用电磁感应或光电原理实现代码的识别。此外,图像识别技术也开始用于刀具识别中。

(4)记忆方式:把刀具号和刀库上存刀位置(地址)对应地记忆在数控系统的计算机存储器或可编程序控制器的存储器内。刀库上安装位置检测装置,刀库上每个存刀位置(地址)都可通过位置检测装置测出。每次换刀的同时改变存储器内容,始终跟踪记忆哪号刀具放于哪个存刀位置(地址)。这样刀具可任意取出并送回,而且刀具本身不必设编码元件,省去编码识别装置,使控制大为简化。刀库上还设有机械原点,使每次选刀时就近选取,如对于盘式来说,每次选刀运动或正转或反转都不会超过180°。

(5)条形码识别:刀具编码与刀具预调工作相结合。预调时,即对刀具进行编码,并通过与预调装置相连的打印机打印出条形码表,由操作者贴到刀具上,然后将刀具投入系统。选刀时,用条形码阅读器进行精确的刀具识别。此方法编码作业简单,但由于目前大部分机床安装刀具的操作仍然由人工完成,装错的可能性仍然存在。另外,在较脏的环境下,条形码容易从工具上脱落。

(6)存储器识别:在刀具上埋入一种以硅片为基本元件的刀具数据载体,用以存储刀具编码及其他特征数据(一般每个载体能够存储64个刀具特征)。这种装置的优点是一旦刀具准备好,就可以用于系统中任意一台机床的任何刀位上,而不需要"对号入座"。缺点是存储次数太多会降低刀具数据载体的寿命。一般在刀具数据载体的寿命期限内,可以进行一万多次存储循环。

故障排除

换刀不能拔刀的故障维修。

故障现象:一台配套 FANUC 0MC 系统,型号为 XH754 的数控机床,换刀时,手爪未将主轴中刀具拔出,报警。

分析及处理过程:手爪不能将主轴中刀具拔出的可能原因有:①刀库不能伸出;②主轴松刀液压缸未动作;③松刀机构卡死。

消除报警,如不能消除,则停电、再送电开机。用手摇脉冲发生器将主轴摇下,用手动换刀换主轴刀具,不能拔刀,故怀疑松刀液压缸有问题。在主轴后部观察,发现松刀时,松刀液压缸未动作,而气液转换缸油位指示无油,检查发现其供油管脱落。重新安装好供油管,加油后,打开液压缸放气塞放气两次,松刀恢复正常。

小试牛刀

换刀卡住的故障维修。

故障现象:一台配套 FANUC 0MC 系统,型号为 XH754 的数控机床,换刀过程快结束,主轴换刀后从换刀位置下移时,机床显示"1001 spindle alarm 408 servo alarm(serial err)"报警。

分析及处理过程:现场观察,主轴处于非定向状态,可以断定换刀过程中,定向偏移,卡住;而根据报警号分析,说明主轴试图恢复到定向位置,但因卡住而报警关机。手动操作电磁阀分别将主轴刀具松开,刀库伸出,手工将刀爪上的刀卸下,再手动将主轴夹紧,刀库退回;开机,报警消除。为查找原因,检查刀库刀爪与主轴相对位置,发现刀库刀爪偏左,主轴换刀后下移时刀爪右指刮擦刀柄,造成主轴顺时针转动偏离定向,而主轴默认定向为 M19,恢复定向旋转方向与偏离方向一致,更加大了这一偏离,因而偏离很多造成卡死;而主轴上移时,刀爪右指刮擦使刀柄逆转,而 M19 定向为正转正好将其消除,不存在这一问题。调整刀库回零位置参数 7508,使刀爪与主轴对齐后故障消除。

想一想

1. 换刀过程有卡滞的故障如何处理?
2. 刀库不停转的故障如何维修?

三峡电厂检修中的"定海神针"

"从 200 mm 的压油管路到 10 mm 的控制管路,甚至只有一根头发丝四分之一直径的设备间隙,检修的时候都不能放过。"凌伟华指着三峡水电站内部的一些设备告诉记者。

30 多年来,凌伟华一直坚守在调速器检修的岗位上,其间有过急躁也有过厌倦,但却没有改变他精益求精的追求。

罗马不是一日建成的,三峡水电站当下的成绩也不仅仅是一个人努力的成果,像凌伟华这样的始终坚守在一线岗位上的工人还有很多,也许他们没有惊人的成绩,也许他们能展露身手的空间只有狭小的几平方米,也可能他们从未引起过多的关注,但他们一直秉持着对工作的热情,为整体的建设添砖加瓦。

静下心来,发现工作的乐趣,这是最大的也是最简单的秘诀。

▶ 任务三 自动换刀装置拆装

加工中心的自动换刀系统

自动换刀系统(Automatic Tools Changer,ATC)由刀库和刀具交换装置(如机械手)等组成。

自动换刀系统的换刀动作:当一个工序加工完毕后,数控系统发出指令,刀具快速退离工件到达换刀位置(同时主轴准停),新旧刀具交换,主轴旋转并快速趋近工件,开始下一工序的加工。

1. 刀库类型

1) 盘式刀库

如图 6-3-1 所示为盘式刀库,盘式刀库中刀具可以按照不同的方向进行配置。如图 6-3-1

(a)、(b)所示为刀具轴线与刀盘轴线平行布置的刀库,其中图6-3-1(a)为径向取刀,图6-3-1(b)为轴向取刀。图6-3-1(c)的刀具径向安装在刀库上,图6-3-1(d)的刀具轴线与刀盘轴线成一定角度布置。图6-3-1(e)的刀具可随刀座做90°翻转。盘式刀库结构简单、取刀方便,但由于刀具沿圆盘的圆周排列,受刀盘尺寸的限制,刀库容量较少,通常为12～40把刀。因此,盘式刀库一般用于刀具容量较少的中、小型数控机床。

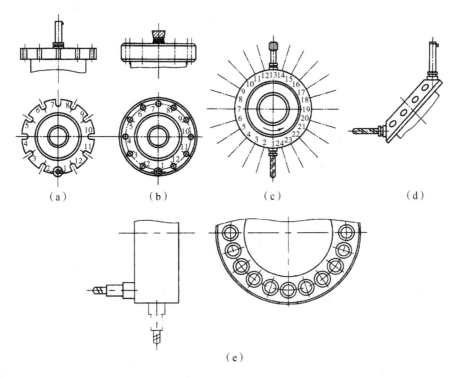

图6-3-1 盘式刀库

2) 链式刀库

在环形链条上装刀座,每个刀座上放一把刀,链条由链轮驱动。链式刀库有单环链和多环链,如图6-3-2(a)所示为单环链布局,如图6-3-2(b)所示为多环链布局。当刀库需要增加刀具数量时,可以增加链轮的数目,使链条折叠回绕,提高空间利用率,如图6-3-2(c)所示。

链式刀库的特点是结构紧凑,装刀容量大,选刀和取刀动作简单。适用于刀库容量较大的场合。

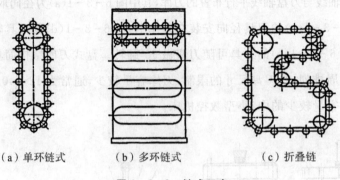

(a)单环链式　　(b)多环链式　　(c)折叠链

图6-3-2　链式刀库

2.刀库选刀方式

刀库选刀,就是数控机床按照数控装置的指令,从刀库中挑选各工序所需刀具的操作。刀库选刀方式分为顺序选刀和任意选刀两种。

1)顺序选刀

工件加工前,将刀具按加工工序的顺序排列在刀库内。每次换刀时,刀库按顺序转动一个位置,取出相应的刀具。加工不同的工件时必须重新调整刀库中的刀具顺序。这种选刀方式的优点是刀库的驱动和控制都比较简单;缺点是刀具在不同的工序中不能重复使用,使刀具的数量增加,同时占用了刀位。因此,适合在加工批量较大,工件品种数量较少的中、小型自动换刀机床上使用。

2)任意选刀

随着数控技术的发展,目前大多数的数控系统都具有刀具任选功能。刀具任选又分为刀具编码、刀座编码和计算机记忆式三种。其中刀具编码或刀座编码需要在刀具或刀座上安装用于识别的编码条,一般都是根据二进制编码的原理进行编码的。

(1)刀具编码方式。如图6-3-3所示,它采用了一种特殊的刀柄结构,在刀柄尾部的拉钉3上装有一组相同厚度的编码环1,并用锁紧螺母2将它们固定。编码环的外径有两种不同的规格,每个编码环的高低分别代表二进制的"1"和"0"。通过这两种编码环的不同排列,可以得到一系列的代码,例如图中所示的是代码为1010011号刀具。7个编码环通过排列组合能够组成127(即2^7-1)个代码,分别代表127把不同的刀具。当刀库中带有编码环的刀具依次通过编码识别装置时,编码识别装置就能按照编码环的高低读出每一把刀的代码,如果读出的代码与数控装置发出的刀具选择指令代码相一致,就会发出信号使刀库停止回转,这时加工所选用的刀具就准确停留在取刀位置上,然后由抓刀机构从刀库中将刀具取走。

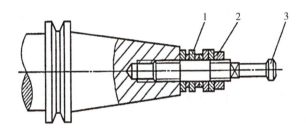

1—编码环；2—锁紧螺母；3—拉钉。

图 6-3-3　编码刀柄示意图

由于每一把刀具都有自己的代码，因而刀具可以放在刀库中的任何一个刀座内，这样不仅刀库中的刀具可以在不同的工步中多次重复使用，而且换下的刀具也不用放回原来的刀座，对刀具选用和放回都十分有利，刀库的容量也可以相应的减少，还可以避免由于刀具顺序的差错所造成的事故。但是，由于每把刀具上都带有专用的编码环，使刀具的长度加大，刀具刚度降低，同时使得刀库的结构也变得复杂。

(2)刀座编码方式。如图 6-3-4 所示，它是对刀库中的刀座进行编码，刀具放入刀座后与刀座的编码一一对应，选刀时根据刀座的编码进行选取。由于这种编码方式取消了刀柄中的编码环，使刀柄的结构大大简化，刚度也得到加强。采用刀座编码方式，一把刀具只对应一个刀座，从一个刀座中取出的刀具必须放回同一个刀座中，如果操作者把刀具误放入与编码不符的刀座中，就会造成事故。刀座编码方式最突出的优点是刀具可以在加工过程中重复多次使用，但换刀时必须先将主轴上的刀具送回刀库中刚才取刀的刀座，然后才能从刀库中选取下一工序所需的刀具装到主轴上。送刀和取刀的动作不能同时进行，导致换刀的时间较长。

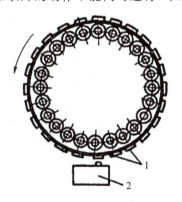

1—刀座；2—刀座识别装置。

图 6-3-4　刀座编码示意图

(3)计算机记忆式。这是目前在绝大多数加工中心上使用的一种选刀方式。这种方式能将刀具号和刀座号一一对应，存放在 PLC 存储器中。不论刀具存放在哪个刀座上，只要新的对应关系重新建立，刀具就可以在任意位置存取。刀库上还设有机械原点，使每次选刀时就近选取，对于盘式刀库来说,刀库可正转或反转,每次都不超过180°。其结构简单,控制也十分简单。

3. 刀具交换装置

数控机床的自动换刀系统中,用来实现刀库与机床主轴之间传递和装卸刀具的装置称为刀具交换装置。刀具的交换方式分为无机械手换刀(即通过刀库与机床主轴之间的相对运动实现刀具交换)和机械手换刀两种。

1) 无机械手换刀

刀库中刀具的轴线方向与主轴轴线平行。换刀时,刀库移至主轴箱所在位置(或主轴箱移动到刀库所在位置),将用过的刀具送回刀库,再从刀库中取出新刀具。送、取刀动作有先后,不能同时进行,因此换刀时间较长。

如图6-3-5所示为一台立式加工中心,刀具的交换方式采用的就是无机械手换刀。盘式刀库安装在立柱的左侧,刀库除可围绕自身中心回转外,还可沿刀库支架上的轨道前移或后退;而主轴箱可以沿立柱上的导轨上、下移动。当一把刀具加工完毕从工件上退出后,即开始换刀。

① 主轴箱向上到达换刀点,主轴准停。

② 刀库前移抓刀。

③ 主轴松刀,主轴箱上移,将刀柄退出。

④ 刀库回转,将下一工序所需刀具转至主轴正下方。

⑤ 轴箱下移,新刀具插入主轴锥孔中,主轴拉刀,将刀具拉紧。

⑥ 刀库后移。

至此,换刀结束,主轴重新开始旋转,工件坐标定位,开始新一轮的加工。

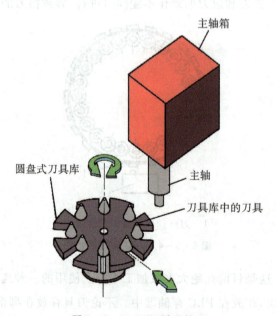

图6-3-5 无机械手换刀

2)采用机械手的刀具交换装置

此装置是由刀库、机械手(有的还有运刀装置)结合共同完成自动刀具交换,如图 6-3-6 所示。因为机械手换刀有很大的灵活性,而且可以减少换刀时间,所以应用得最为广泛。由于有机械手的刀具交换装置所涉及的刀库位置和机械手的换刀动作不同,其换刀的过程也不尽相同。常用机械手的形式见表 6-3-1。

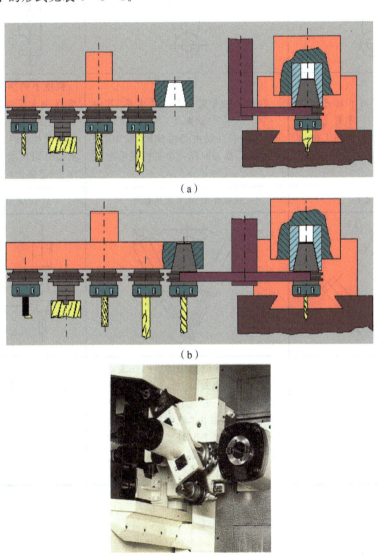

图 6-3-6 机械手换刀

表 6-3-1　常见机械手的形式

单臂单爪回转式机械手	单臂双爪回转式机械手	双臂回转式机械手
机械手的手臂可回转不同角度来进行自动换刀,手臂上一个卡爪要执行刀库或主轴上的装卸刀。换刀时间较长	机械手的手臂上有2个卡爪,其中一个卡爪从主轴取下"旧刀"送回刀库,另一卡爪则由刀库取出"新刀"送到主轴。换刀时间比单爪机械手短	机械手的两臂上各有1个卡爪,2个卡爪可同时抓取刀库及主轴上的刀具,回转180°后又同时将刀具放回刀库及装入主轴。换刀时间较前两种单臂机械手均短,是最常用的一种形式
双机械手	双臂往复交叉式机械手	双臂端面夹式机械手
此种机械手相当于2个单臂单爪机械手,互相配合起来进行自动换刀。其中一个机械手从主轴上取下"旧刀"送回刀库;另一个机械手由刀库里取出"新刀"装入机床主轴	此种机械手的两手臂可以往复运动并交叉成一定的角度。一个手臂从主轴上取下"旧刀"送回刀库;另一个手臂由刀库里取出"新刀"装入机床主轴。整个机械手可沿某导轨直线移动或绕某个转轴回转,以实现刀库与主轴间的运刀工作	此种机械手只是在夹紧部位上与前几种不同。前几种机械手均靠夹紧刀柄的外圆表面以抓取刀具,这种机械手则夹紧刀柄的两个端面

刀库乱刀故障处理方法:

　　由于自动换刀装置是通过记忆数据表中的数据进行换刀的,如果系统 PMC 参数丢失或换刀装置拆修后,系统就会出现换刀过程中乱刀或不执行换刀动作的故障。此时应当恢复系统参数和换刀机械动作,然后对刀库的数据表进行初始化。具体操作是把计数器 01 设定为 24,数据表的 D000 设定为 0,D001—D024 设定值应按实际刀库的刀座中的刀具号进行设定,最后系统断电再重新送电,即可恢复正常工作。

项目六 加工中心认知与实践

小试牛刀

加工中心具有数控系统、检测装置、驱动装置、机床传动链、伺服电动机五大要素,带有刀库和自动换刀装置。

立式加工中心床身分底座与立柱两部分,底座上有下托板和工作台,立柱上有主轴箱,立柱左侧有一个自动换刀的刀库。

(1)机床罩壳拆卸。

双主轴数控车削中心

(2)刀库罩拆卸。

(3)刀库拆卸。

(4) 主轴罩壳拆卸。

(5) 打刀缸拆卸。

(6) 槽板拆卸。

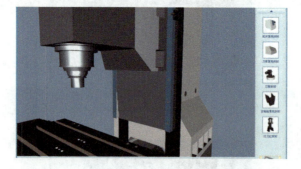

(7) Z 轴拉罩拆卸。

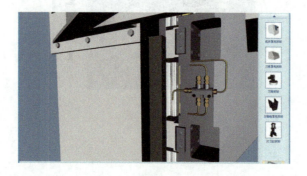

(8)Z 轴滑块压板拆卸。

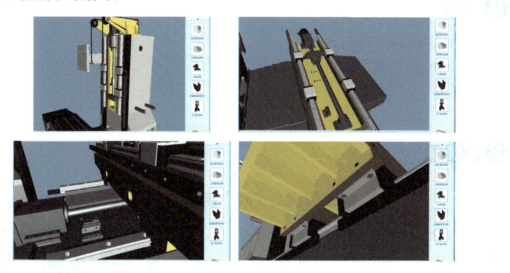

(9)Y 轴滑动导轨座拆卸。

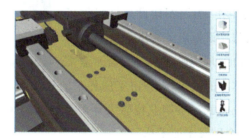

(10)下托板拆卸。

(11)完成。

1. 刀具交换时掉刀,如何处理?
2. 加工中心自动换刀控制的意义何在?

钳工周虎:"咬"定品质不放松

人如其名。周虎自 2000 年来到武汉船机公司,在 20 多年的钳工生涯里,始终像一头倔强的老虎,"咬"住技术,"咬"住质量,丝毫不懈怠。他以产品一次交验合格率 100%、节点实现率 100%的工作,为海军建设累计提供了千余套优质装备,为我国国防建设做出了突出贡献。

为了快速提高自己的技能,周虎除了学习大量专业书籍,还"咬"上了师傅。每当休息的时候,听到钳工房传来的锉刀声,师傅就会说"虎子又在磨牙了"。最终周虎连续摘取了三届武汉市职业技能大赛钳工桂冠。2013 年在中船重工职业技能竞赛中,他再次问鼎,被授予全国技术能手称号。

现如今,周虎也将自己的技能不断传承下去,由他带领指导的"虎家军"屡屡在技能大赛上斩获殊荣。而这批周虎手中带出的优秀青年技能人才,又成了别人的师傅,"虎家军"的队伍不断壮大。

谈起工匠精神,周虎说:"我没那么高的文化,我理解的工匠精神就是把活儿做好、做精、做出道儿来,然后教会徒弟。让他们也把活儿做好、做精、做出道儿来,然后再带好徒弟。"

◉ 任务四 回转工作台拆装

知识链接

回转工作台

数控机床的圆周进给由回转工作台完成,称为数控机床的第四轴。回转工作台可以与 X、Y、Z 三个坐标轴联动,从而加工出各种球、圆弧曲线等。回转工作台可以实现精确的自动分度,扩大了数控机床加工范围。

1. 分度工作台

分度工作台是按照数控系统的指令,在需要分度时工作台连同工件回转规定的角度,也可采用手工分度。分度工作台只能完成分度工作而不能实现圆周进给,并且它的分度运动只能完成一定的回转度数,如90°、60°或45°等。分度工作台可以改变工件相对于主轴的位置,使工件一次安装就可以完成多个表面的加工。

(1)端面齿盘式分度工作台:又称鼠牙盘式分度工作台或鼠齿盘式分度工作台。如图6-4-1所示为TH63系列卧式加工中心上用的端面齿盘式分度工作台。它主要由底座、工作台、端面齿盘(包括上、下齿盘)等零部件组成。上、下齿盘的端面加工有数目相等的齿,它们是保证分度工作台分度精度的关键部件。

该分度工作台的分度运动共分为抬起、回转分度及落下夹紧三个步骤。

①抬起。B腔进油,活塞10向上运动,带动连接体9及工作台6向上运动,从而使端面齿盘7、8脱开,为工作台面的回转分度做准备。

②回转分度。伺服电机带动电机轴、小带轮(图中未画出)驱动大带轮1,通过锥齿轮2、3,及小齿轮轴4带动大齿圈5转动,相应带动工作台6回转,至预定位置电机停转。回转工作台可以正、反方向360°等分定位。

③落下夹紧。A腔进油,油压将活塞10压下,带动连接体9及工作台6向下运动,端面齿盘7、8啮合,将工作台夹紧在台体上。

工作台的松开、抬起及夹紧,均有接近开关信号检测位置。

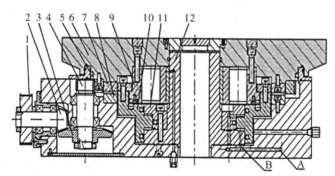

1—大带轮;2—小锥齿轮;3—锥齿轮;4—齿轮轴;5—大齿圈;6—工作台;
7—上齿盘;8—下齿盘;9—连接体;10—活塞;11,12—油缸体。

图6-4-1 端面齿盘式分度工作台

(2)定位销式分度工作台:如图6-4-2所示为卧式加工中心用的定位销式分度工作台。分度工作台面1位于长方形工作台10的中间,在不单独使用分度工作台1时,两个工作台可以作为一个整体工作台使用。

在分度工作台 1 的底部均匀分布着八个圆柱定位销 7，在底座 21 上有一个定位孔衬套 6 及供定位销移动的环形槽。其中只有一个定位销 7 进入定位衬套 6 中，其他 7 个定位销都在环形槽中。因为定位销之间的分布角度为 45°，因此该分度工作台只能做二、四、八等分的分度运动。

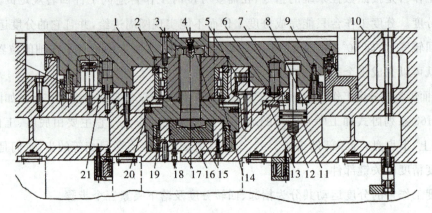

1—分度工作台；2—锥套；3—六角头螺钉；4—支座；5—消隙液压缸；6—衬套；
7—定位销；8—锁紧液压缸；9—大齿轮；10—长方形工作台；11—活塞；12—弹簧；
13—环形槽；14—双列圆柱滚子轴承；15—螺柱；16—活塞；17—中央液压缸；
18—管道；19—滚针轴承；20—止推轴承；21—工作台底座。

图 6-4-2　定位销式分度工作台

分度时，数控系统发出指令，由电磁阀控制六个均匀分布的锁紧液压缸 8（图中只示出一个）中的压力油，经环形槽 13 流回油箱，活塞 11 被弹簧 12 顶起，工作台 1 处于松开状态。

同时，消隙液压缸 5 卸荷，液压缸中的压力油经回油路流回油箱。油管 18 中的压力油进入中央液压缸 17，使活塞 16 上升，并通过螺栓 15 将支座 4 向上抬起 15 mm，至支座 4 上的止推轴承 20 顶在工作台底座 21 上。分度工作台 1 用四个螺钉与锥套 2 相连，而六角头螺钉 3 又将锥套 2 与支座 4 相连，所以当支座 4 向上抬起时，锥套 2 和分度工作台 1 也同时向上抬起 15 mm，固定在工作台面上的定位销 7 从定位衬套 6 中拔出。

分度工作台 1 抬起后，数控装置发出指令，使液压马达驱动减速齿轮（图中未示出），带动固定在分度工作台 1 下面的大齿轮 9 回转，进行分度运动。在大齿轮 9 上共有八个圆周均布的挡块 22（每隔 45°分布一个）。分度时，工作台先快速回转，在将要到达规定位置前，由挡块 22 碰撞第一个限位开关，发出减速信号使分度工作台减速回转，当挡块碰撞第二个限位开关时，分度工作台 1 停止转动。此时，相应的定位销 7 正好对准定位衬套 6。

分度完毕后，数控装置发出指令，使中央液压缸 17 卸荷，油液经管道 18 流回油箱，分度工作台 1 靠自重下降，定位销 7 插入定位衬套 6 中，完成定位工作。定位完毕后，消隙液压缸 5 通入压力油，活塞向右顶住分度工作台 1，以消除径向间隙。然后锁紧液压缸 8 的上腔通入压力油，推动活塞杆 11 下行，将分度工作台 1 锁紧。至此，分度工作全部完成。

由加长型双列圆柱滚子轴承 14 和滚针轴承 19 确保分度工作台 1 的回转中心不变。轴承

14 的内孔带有 1:12 的锥度,可以调整径向间隙。轴承内环固定在锥套 2 和支座 4 之间,并可带着滚柱在加长的外环内做 15 mm 的轴向移动。轴承 19 装在支座 4 内,能随支座 4 上升或下降。在分度工作台回转时,止推轴承 20 的上环顶在底座 21 上并不回转,而下环随支座 4 一起回转,有效地减少了支座 4 与底座 21 之间的摩擦,使分度工作台的转动更加灵活,如图 6-4-3 所示。

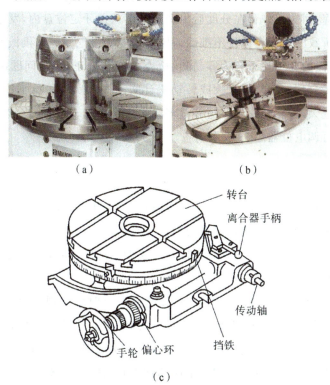

图 6-4-3 下环随支座一起回转

(3)数控分度头:数控分度头如图 6-4-4 所示。

图 6-4-4 数控分度头

故障现象：在机床使用过程中，回转工作台经常在分度后出现不能落入鼠牙定位盘内，机床停止执行下面指令。

分析及处理过程：回转工作台在分度后出现不能落入鼠牙定位盘内，发生顶齿现象，是因为工作台分度不准确所致。工作台分度不准确的原因可能有电气问题和机械问题，首先检查电动机和电气控制部分（因为此项检查较为容易）。检查电气部分正常，则问题出在机械部分，可能是伺服电动机至回转台传动链间隙过大或转动累计间隙过大所致。拆下传动箱，发现齿轮、蜗轮与轴键连接间隙过大，齿轮啮合间隙超差过多。经更换齿轮、重新组装，然后精调回转工作台定位块和伺服增益可调电位器后，故障排除。

数控回转工作台回参考点的故障维修。故障现象：TH6363卧式加工中心数控回转工作台，在返回参考点（正向）时，经常出现抖动现象。有时抖动大，有时抖动小，有时不抖动；如果按正向继续做若干次不等值回转，则抖动很少出现。当做负向回转时，第一次肯定要抖动，而且十分明显，随之会明显减少，直至消失。

分析及处理过程：TH6363卧式加工中心，在机床调试时就出现过数控回转工作台抖动现象，并一直从电气角度来分析和处理，但始终没有得到满意的结果。有可能是机械因素造成的？转台的驱动系统出了问题？顺着这个思路，从传动机构方面找原因，对驱动系统的每个相关件逐个进行仔细的检查。最终发现固定蜗杆轴向的轴承右边的锁紧螺母左端没有紧靠其垫圈，有3 mm的空隙，用手可以往紧的方向转两圈；这个螺母根本就没起锁紧作用，致使蜗杆产生窜动。

通过上述检查分析，转台抖动是锁紧螺母松动造成的。锁紧螺母之所以没有起作用，是因为其直径方向开槽深度及所留变形量不够合理，使4个M4×6紧定螺钉拧紧后，不能使螺母产生明显变形，起到防松作用。在转台经过若干次正、负方向回转后，不能保持其初始状态，逐渐松动，而且越松越多，导致轴承内环与蜗杆出现3 mm轴向窜动。这样回转工作台就不能与电动机同步动作。这不仅造成工作台的抖动，而且随着反向间隙增大，蜗轮与蜗杆相互碰撞，使蜗杆副的接触表面出现伤痕，影响了机床的精度和使用寿命。为此，我们将原锁紧螺母所开的宽2.5 mm、深10 mm的槽开通，与螺纹相切，并超过半径，调整好安装位置后，用2个紧定螺钉紧固，即可起到防松作用。经以上修改后，该机床投入生产使用至今，数控回转工作台再没有出现抖动现象。

想一想

1. 某加工中心运行时，工作台分度盘不回落，发出7035#报警，为什么？

2.在机床使用过程中,回转工作台经常在分度后出现不能落入鼠牙定位盘内,机床停止执行下面指令,发生这种情况应该怎么处理?

"大国工匠"朱林荣:"焊卫"高铁安全 永远追求极致

朱荣林在铁路部门工作已经有35年了,关于焊轨的那些事儿,他有绝对的发言权。他参与改进的技术和设备曾多次获得不同级别的科技进步奖,被誉为中国焊轨界电气专家。

学习上,1982年技校毕业后就参加工作的他不忘提升自己的专业理论水平,1988年毕业于上海轻工业专科学校,2001年毕业于上海第二工业大学工业电气自动化专业。那一年,他38岁。

"没有最好,只有更好。"朱林荣眼中的"大国工匠"精神完美地体现在他的人生轨迹中。朱林荣不仅对自己严要求,对工人们也有高要求。被先进设备解放了双手的技术工人不能"只会按按钮",而要了解机器的运行原理和维修知识,不断完善知识,才能够越做越好,保证钢轨品质。

任务五 滚珠丝杠螺母副拆装与维修

滚珠丝杠螺母副

滚珠丝杠(图6-5-1)是数控机床的主要组成部分,它将进给电动机的旋转运动转化为刀架(工作台)的直线运动,采用滚珠丝杠螺母副传动,可以有效地提高进给系统的定位精度和灵敏度,防止爬行。通过滚珠丝杠螺母带动刀架移动,数控机床进给传动装置的精度、灵敏度和稳定性,将直接影响工件的加工精度。

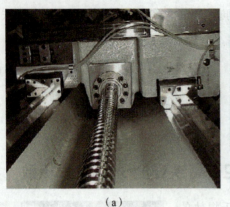
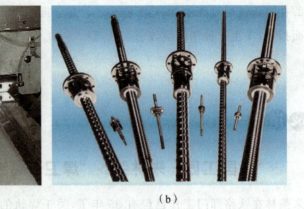

（a）　　　　　　　　　　（b）

图 6-5-1　滚珠丝杠

1. 工作原理及特点

如图 6-5-2 所示，丝杠和螺母上都加工有圆弧形的螺旋槽，当它们对合起来就形成了螺旋滚道。在滚道内装有滚珠，当丝杠回转时，滚珠沿螺旋滚道向前滚动，滚动数圈后通过回程引导装置，逐个又滚回到丝杠和螺母之间，构成一个闭合的循环回路。

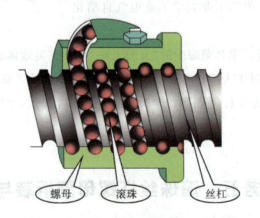

图 6-5-2　螺旋槽

在传动时，滚珠与丝杠、螺母之间是滚动摩擦，所以具有很多优点：

（1）摩擦损失小，功率损耗低，传动效率高。滚珠丝杠副的传动效率很高，可达 92%～98%，是普通滑动丝杠传动的 2～4 倍。

（2）通过适当预紧，可消除丝杠与螺母间的间隙，反向时就可以消除死区误差，提高反向精度，同时提高了丝杠的轴向刚度。

（3）运动平稳，不易产生爬行，传动精度高。

（4）运动具有可逆性，即旋转运动与直线运动可相互转换。

（5）磨损小，寿命长，所需的传动转矩小。

因为滚珠丝杠副具有以上的优点，所以在各类中、小型数控机床的直线进给系统中得到广泛的应用。但是它也有以下一些缺点：

（1）制造工艺复杂，成本高。滚珠丝杠对自身的加工精度和装配精度要求严格，其制造成本大大高于普通滑动丝杠。

（2）不能自锁。由于其摩擦系数小，因而摩擦角也小，不符合自锁条件，所以当丝杠垂直安装时，为防止因电机停转而造成的主轴箱惯性下滑，引发螺母直线运动向丝杠回转运动逆转，必须附加制动装置。

2. 常用的滚珠循环方式

常用的滚珠循环方式有2种：滚珠在循环过程中有时与丝杠脱离接触的称为外循环；始终与丝杠保持接触的称为内循环。

（1）外循环式，如图6-5-3所示。

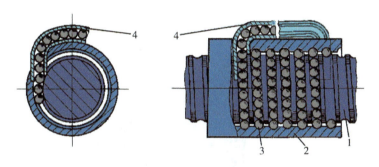

1—丝杠；2—螺母；3—滚珠；4—回珠管。

图6-5-3 外循环式

（2）内循环式，如图6-5-4所示。

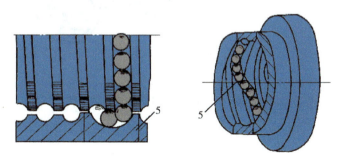

5—反向器。

图6-5-4 内循环式

通过内循环式装置驱动滑鞍，运动精确并且运动平稳，如图6-5-5所示。

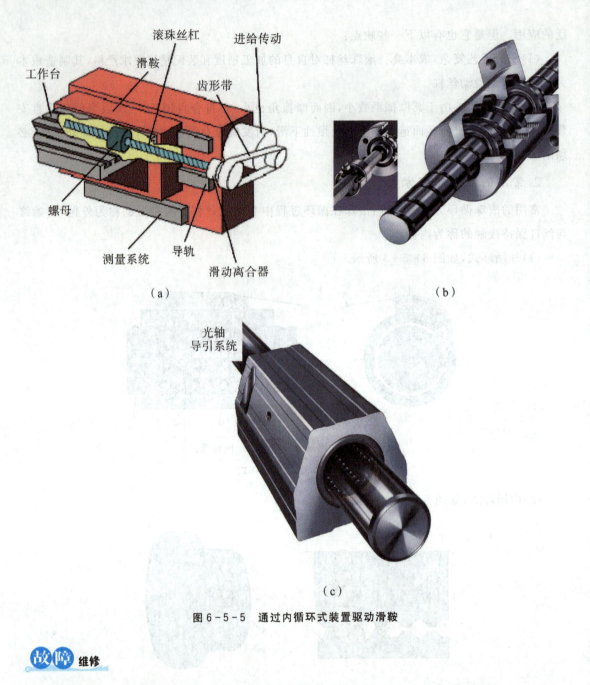

图6-5-5 通过内循环式装置驱动滑鞍

故障维修

滚珠丝杠螺母副出现故障的主要原因是长期工作产生的磨损，或是外界脏物进入滚珠丝杠螺母副内部研坏滚道或滚动体，或是两端支承轴承磨损造成反向间隙过大，或是没有正常维护造成磨损。

现象：滚珠丝杠副噪声。

原因及排除方法：

(1)滚珠丝杠轴承压盖压合不良→调整压盖,使其压紧轴承。

(2)滚珠丝杠润滑不良→检查分油器和油路,使润滑油充足。

(3)滚珠破损→更换滚珠。

(4)电动机与滚珠丝杠联轴器松动→拧紧联轴器锁紧螺钉。

现象:滚珠丝杠不灵活。

原因及排除方法:

(1)轴向预加载荷太大→调整轴向间隙和预加载荷。

(2)丝杠与导轨不平行→调整丝杠支座位置,使丝杠与导轨平行。

(3)螺母轴线与导轨不平行→调整螺母座的位置。

(4)丝杠弯曲变形→校直丝杠。

维护要领

轴向间隙的调整方法:

滚珠丝杠的传动间隙是轴向间隙,是指丝杠与螺母无相对转动时,二者之间的最大轴向窜动量。除了结构本身的游隙之外,还包括施加轴向载荷后产生的弹性变形所造成的轴向窜动量。

由于存在轴向间隙,当丝杠反转时,将产生空回误差,从而影响反向传动精度和轴向刚度。通常采用预加载荷(即对螺母施加预紧力)的方法来减小轴向间隙,保证反向传动精度和轴向刚度。

1.双螺母消隙

其消除间隙的原理是利用两个螺母的相对轴向位移,使两个螺母中的滚珠分别贴紧在螺旋滚道的两个相反的侧面上。

常用的结构形式有:

(1)垫片调隙式(D):它是通过调整垫片的厚度使左、右螺母产生相对轴向位移,从而达到消除间隙和产生预紧力的作用。左、右螺母的相对轴向位移可以是背对的,也可以是相向的。如图6-5-6所示,图6-5-6(b)为预紧前的情况,图6-5-6(c)为加入垫片后的情况。

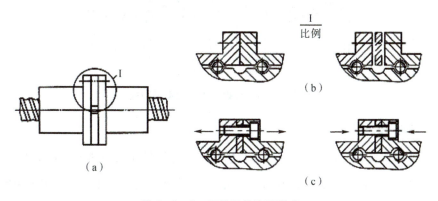

图6-5-6 双螺母垫片调隙式

(2)螺纹调隙式(L):如图6-5-7所示,左侧螺母上有凸缘,右侧螺母上有螺纹,两个螺母和螺母座之间用平键连接,以限制螺母在螺母座内的转动。调整时,拧紧圆螺母1就可使左、右侧螺母产生相对轴向位移,在消除间隙之后再用圆螺母2将其锁紧。这种方法结构简单紧凑,调整方便但调整精度较差。

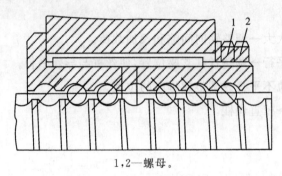

1,2—螺母。

图6-5-7 双螺母垫纹调隙式

(3)齿差调隙式(C):如图6-5-8所示,在两个螺母1和2的凸缘上各加工有外齿,两个齿轮的齿数相差一个齿,例如$Z_1=99$,$Z_2=100$,两个内齿圈3和4分别与1和2啮合,并用螺钉和销钉固定在螺母座的两端。调整时,先取下两端的内齿圈,然后根据间隙的大小将两个螺母1和2分别向相同方向转动相同的齿数(一个或多个)。因两个螺母的齿数不同,即$Z_1 \neq Z_2$,转动相同齿数时其产生的角位移也不同,故而螺母在丝杠上前进的位移量也不同,从而产生了相对的轴向位移,达到了调整间隙的目的。

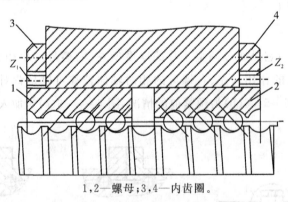

1,2—螺母;3,4—内齿圈。

图6-5-8 双螺母齿有效期调隙式

2.单螺母消隙

(1)变位导程式(B):如图6-5-9所示,它是在滚珠螺母体内的两列循环滚珠链之间,使螺母上的滚道在轴向产生一个ΔL_0的导程突变量,从而使两列滚珠轴向错位,实现预紧。其消隙原理与双螺母垫片预紧相似,相当于在两个螺母中间插入厚度为ΔL_0的垫片,然后将两个螺母及中间的垫片连成一体。这种调隙方法结构简单,但负荷量须预先设定且不能改变。

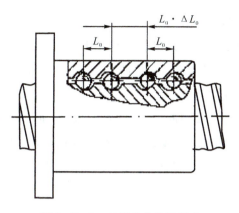

图 6-5-9 单螺母变位导程式

(2)钢球增大式(Z):该方法不需要任何附加预紧机构。调整时,只需拆下滚珠螺母,精确测量原装钢球直径,然后根据预紧力大小的需要,重新更换大若干微米的钢球。一般用于滚道截面为双圆弧形状的滚珠丝杠。

1. 简述滚珠丝杠轴向间隙调整的基本原理。
2. 滚珠丝杠轴向间隙调整的方法有哪些?

三秦工匠田浩荣:决胜 0.005 mm

在众人眼里,这位全国劳模、第十三届全国人大代表、拥有国家级技能大师工作室的装配钳工,总是那么平易近人。一见面,他便向记者介绍起企业近年来在新产品研发方面所取得的新成果。在这些产品背后,凝结着宝鸡机床集团几代人的心血。自 1989 年进厂以来,田浩荣在装配钳工的岗位上一干就是 30 年。

"机床这个行业要求技术比较高,而我是从职业学校毕业进厂,当时自己觉得水平比较欠(缺),就在师傅的帮助下,自己也不停地学习,好好地练技能水平,一直到现在我们都在学习。工厂也在创新发展,所以说只有学习才能跟上工厂和时代的步伐。"

抱着这份信念,田浩荣在工作中勤学苦练,白天跟着师傅磨炼手艺,晚上抓紧时间自学专业知识。几年下来,他也成为机床装配线上的一把好手。由他探索的"田浩荣数控车床主轴装配操作法",累计为企业创造经济效益数百万元。

我干的活首先要让自己放心。这是田浩荣经常挂在嘴边的一句话。他对自己的要求十分苛刻：规定加工精度 0.01 mm 就算合格，可他硬是干到 0.005 mm，只为了确保装配的机床达到最佳。精益求精的背后只源于那份初心。

工匠精神就是在自己这个行业不断地学习、创新、创造，静下心来精益求精，把自己从事的行业、专业做到最好。中国装备制造业要走向世界，路程很艰难。但是我相信，只要我们不忘初心、好好努力，梦想一定会实现。这就是田浩荣对工匠精神的理解。

添 加 记 录

项目七 特种加工机床认知与实践

任务一 数控线切割机床拆卸与维修

知识链接

1. 电火花线切割机床的工作原理简介

电火花线切割机床是在电火花穿孔、成型加工的基础上发展起来的。它不仅使电火花加工的应用得到了发展,而且某些方面已取代了电火花穿孔、成型加工。线切割机床已占电火花机床的大半。其工作原理如图 7-1-1 所示。绕在运丝筒 4 上的电极丝 1 沿运丝筒的回转方向以一定的速度移动,装在机床工作台上的工件 3 由工作台按预定控制轨迹相对于电极丝做成型运动。脉冲电源的一极接工件,另一极接电极丝。在工件与电极丝之间总是保持一定的放电间隙且喷洒工作液,电极之间的火花放电蚀出一定的缝隙,连续不断的脉冲放电就切出了所需形状和尺寸的工件。

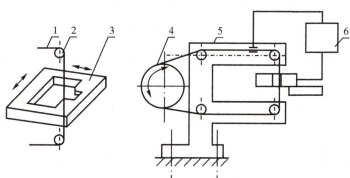

1—电极丝;2—导轮;3—工件;4—运丝筒;5—线架;6—脉冲电源。

图 7-1-1 线切割机床原理

电极丝的粗细影响切割缝隙的宽窄,电极丝直径越细,切缝越小。电极丝直径最小的可达 $\phi 0.05$,但太小时,电极丝强度太低容易折断。一般采用直径为 $0.1 \sim 0.3$ mm 的电极丝。

根据电极丝移动速度的大小分为高速走丝线切割和低速走丝线切割。低速走丝线切割的加工质量高,但设备费用、加工成本也高。我国普遍采用高速走丝线切割,近年正在发展低速走丝线切割。高速走丝时,线电极采用高强度钼丝,钼丝以 8~10 m/s 的速度做往复运动,加工过程中钼丝可重复使用。低速走丝时,多采用铜丝,电极丝以小于 0.2 m/s 的速度做单方向低速移动,电极丝只能一次性使用。电极丝与工件之间的相对运动一般采用自动控制,现在已全部采用数字程序控制,即电火花数控线切割。工作液起绝缘、冷却和冲走屑末的作用。工作液一般为皂化液。

2. 数控线切割机床结构

数控线切割机床由工作台、运丝机构、丝架、床身四部分组成。

1) 工作台

工作台主要由拖板、导轨、丝杠运动副、齿轮传动机构组成。

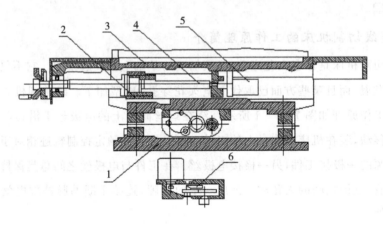

1—下拖板;2—中拖板;3—上拖板;4—滚珠丝杠;5—步进电机;6—齿轮传动机构。

图 7-1-2 工作台结构

(1) 拖板:拖板主要由下拖板、中拖板、上拖板和工作台四部分组成。通常下拖板与床身固定连接;中拖板置于下拖板之上,运动方向为坐标 Y 轴方向;上拖板置于中拖板之上,运动方向为坐标 X 轴方向;工作台通过绝缘体与上拖板相连接。其中,上、中拖板一端呈悬臂形式,以放置拖动电机。

(2) 导轨:坐标工作台的纵、横拖板是沿着导轨往复移动的。因此,对导轨的精度、刚度和耐磨性有较高的要求。此外,导轨应使拖板运动灵活、平稳。线切割机床常选用滚动导轨。因为滚动导轨可以减少导轨间的摩擦阻力,便于工作台实现精确和微量移动,而且润滑方法也简单。缺点是接触面之间不易保持油膜,抗振能力较差。滚动导轨有滚珠导轨、滚柱导轨和滚针导轨等几种形式。

(3) 丝杠传动副:丝杠传动副的作用是将传动电机的旋转运动变为拖板的直线位移运动。要使丝杠副传动精确,丝杠与螺母应当精确,应保证在 6 级精度或高于 6 级精度。

(4)齿轮传动机构:步进电机与丝杠间传动通常是采用齿轮副来实现。由于齿侧间隙、轴和轴承之间的间隙及传动链中的弹性变形的影响,当步进电机主轴上的主动齿轮改变传动方向时,会出现传动空程。为了减少和消除齿轮传动空程,应当采用以下措施:

①采用尽量少的齿轮减速级数,力求从结构上减少齿轮传动精度的误差。

②采用齿轮副中心距可调整结构,通过改变步进电机的固定位置实现。

③将被动齿轮或介轮沿轴向剖分为双轮的形式。装配时应保证两齿轮廓分别与主动齿轮廓的两侧面接触,当步进电机变换旋转方向时,丝杠上都能迅速得到相应反应。

2)运丝机构

运丝机构由储丝筒组合件上、下拖板、齿轮副、丝杠副、换向装置和绝缘件等组成,如图7-1-3所示。

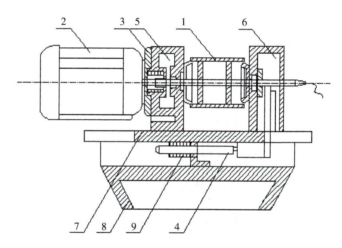

1—储丝筒;2—电动机;3—联轴器;4—丝杠;5—支架;6—支架;7—拖板;8—底座;9—螺母。

图7-1-3 运丝机构

(1)高速走丝机构:高速走丝机构主要由储丝筒组合件上拖板和下拖板、齿轮副、丝杠副、换向装置和绝缘件等部分组成。高速走丝机构主要用来带动电极丝按一定的线速度移动,并将电极丝整齐地排绕在储丝筒上。走丝如图7-1-4所示。

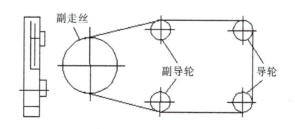

图7-1-4 走丝示意图

(2)电极丝的运动系统:丝架导轮机构与走丝机构组成了电极丝的运动系统。丝架的主要功用是在电极丝按给定的线速度运动时,对电极丝起支撑作用,使电极丝工作部分与工作台平面保持一定的几何角度。导轮位于丝架悬臂的端部,丝架通过导轮对电极丝起支撑作用。丝架按功能可分为固定式、升降式和偏移式三种类型;按结构可分为悬臂式和龙门式。

(3)工作液循环与过滤系统:工作液系统用以在电火花线切割加工过程中,供给有一定绝缘性质的工作介质工作液,以冷却电极丝和工件,排除电蚀产物等,这样才能保证火花放电持续进行。一般线切割机床的工作液系统包括:工作液箱、工作液泵、流量控制阀、进液管、回液管及过滤网等。其中工作液的清洁程度对加工的稳定性起着重要的作用。

(4)电火花线切割脉冲电源:电火花线切割脉冲电源通常又叫高频电源,是数控电火花线切割机床的主要组成部分,是影响线切割加工工艺指标的主要因素之一。线切割脉冲电源由脉冲发生器、推动级、功放及直流电源四部分组成。

3)丝架

丝架采用单柱支撑、双臂悬梁结构,如图 7-1-5 所示。

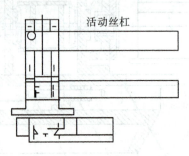

图 7-1-5 丝架结构示意图

(1)工件上产生金属瘤。

故障原因:

①加工中若工件发现金属瘤,主要原因是工作液黏度太大;

②检查工件上的台阶角处,是否堆集废屑。

解决方法:

①更换工作液;

②在台阶角上钻孔,以便于排屑,使金属瘤消除。

2.凹模孔壁出现台阶

故障原因:

①机床进给头主轴垂直进给时发生抖动;

②电极加工质量不好,表面不平直;

③精加工时,电极或工件由于某种原因发生了位置的变化。

解决方法：

①对机床进行检修,使之工作平稳；

②更换新的、质量好的电极加工；

③夹装好工件和电极,使之稳定,工作时不能移动。

拆装要领

(1)拆装工艺过程：

①拆装前的准备工作阶段；

②拆装工作阶段；

③装配后的检验、调整和试车阶段；

④上漆和装箱阶段。

(2)拆装前的准备工作：

①熟悉装配图及有关资料,了解机械结构及各部件关系；

②确定拆装方法、程序和使用的工夹具等；

③清理、清洗零部件；

④确定零部件修理、修复方法,更换损伤件。

(3)拆装的常用工具：

①扳手类；

②旋具类；

③拉出器；

④手锤类；

⑤铜棒、衬垫；

⑥弹性卡簧钳。

(4)机械装配的常用方法：互配法、选配法、修配法、调整法。

(5)机械拆卸的常用方法：拆卸顺序与装配顺序相反,一般为先外后内,先上后下的原则,它包括：①击卸；②拉卸；③压卸；④破坏性拆卸。

(6)拆装注意事项：

①重要油路等要做标记；

②拆卸零部件要顺序排列,细小件要放入原位；

③轴类配合件要按原顺序装回轴上,细长轴要悬挂放置。

(7)连接方法：固定连接、活动连接。

(8)按照拆卸方法可分为:可拆连接、不可拆连接。螺栓、销、键属于固定可拆连接。焊接、胶粘接属于固定不可拆连接。轴承等属于活动可拆式连接。铆接等属于活动不可拆卸连接。

(9)成组螺栓装配顺序:分次、对称、逐步旋紧。

主轴发热:
(1)主轴轴承预紧力过大,造成主轴回转时摩擦过大,引起主轴温度急剧升高。
(2)主轴轴承研伤或损坏,造成主轴回转时摩擦过大,引起主轴温度急剧升高。
(3)主轴润滑油脏或有杂质,造成主轴回转时阻力过大,引起主轴温度升高。
(4)主轴轴承润滑油脂耗尽或润滑油脂过多,造成主轴回转时阻力、摩擦过大,引起主轴温度升高。

周鹏程:一辈子的坚守只为"一支笔"

一番好眼力,一手好功夫,用细小的刀具决定笔毛的长短,凭纯熟的手感决定每一只毛笔的质量。他是周鹏程,一辈子打磨一种技术的"制笔人"。

在进贤县文港镇有这样一群人,他们每天坐在桌前,和各种各样的笔毫打交道,狼毫、羊毛、兔毛、胎毛……不间断地明察秋"毫"让他们练就了一番好眼力、一手好功夫,而这样功夫是需要他们花上几十年乃至一辈子的时间不断打磨。周鹏程就是其中一员,被封号为"中国笔王"。

谈及被誉为中国笔王,周鹏程腼腆地笑了。"既然做上了这一行,当然要做最好。"周鹏程说,虽然自己已年过六旬,但仍坚持每天早上6点之前就起床做笔。据周鹏程介绍,经常有一些书画名家慕名而来指定要购他的毛笔,最贵的笔价值过万元。

谈及一辈子的坚守,周鹏程说:毛笔是文房四宝之首,所以历代文人墨客对此都很珍视。希望年轻人能耐得住寂寞,传承这项古老的技艺。

任务二　电火花成型加工机床拆卸

知识链接

数控电火花成型加工机床

1. 工作原理

电火花加工的原理是基于工具和工件（正、负电极）之间脉冲性火花放电时的电腐蚀现象来蚀除多余的金属，以达到对零件的尺寸、形状及表面质量预定的加工要求。

2. 必备条件

（1）使工具电极和工件被加工表面之间经常保持一定的放电间隙。

（2）电火花加工必须采用脉冲电源。

（3）使火花放电在有一定绝缘性能的液体介质中进行。

3. 加工特点

（1）成型电极放电加工，无宏观切削力。

（2）电极相对工件做简单或复杂的运动。

（3）工件与电极之间的相对位置可手动控制或自动控制。

（4）加工工件一般浸在煤油中进行。

（5）一般只能用于加工金属等导电材料，只有在特定条件下才能加工半导体和非导电体材料。

（6）加工速度一般较慢，效率较低，且最小角部半径有限制。

3. 应用范围

（1）高硬脆材料。

（2）各种导电材料的复杂表面。

（3）微细结构和形状。

（4）高精度加工。

（5）高表面质量加工。

数控电火花成型加工机床基本组成

数控电火花成型加工机床由于功能的差异，导致在布局和外观上有很大的不同，但其基本组成是一样的，都由脉冲电源、数控装置、工作液循环系统、伺服进给系统、基础部件等组成，如图 7-2-1 所示。

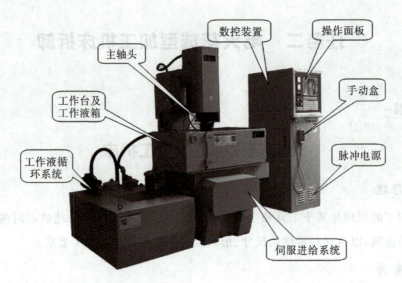

图7-2-1 数控电火花成型加工机床基本组成

1. 主轴头

主轴头是电火花成型加工机床的一个关键部件,由伺服进给机构、导向和防扭机构、辅助机构三部分组成,控制工件与工具电极之间的放电间隙。

(1)对主轴头的要求:主轴头的好坏直接影响加工的工艺指标,因此主轴头应具备以下条件:

①有一定的轴向和侧向刚度及精度;

②有足够的进给和回升速度;

③主轴运动的直线性和防扭转性能好;

④灵敏度要高,无爬行现象;

⑤不同的机床要具备合理的承载电极的能力。

(2)主轴头运动控制方式分为:

①电液伺服进给;

②步进电机伺服进给;

③直(交)流伺服进给。

2. 进给装置

电火花放电加工是一种无切削力不接触的加工手段,要保证加工继续,就必须始终保持一定的放电间隙 S。这个间隙必须在一定的范围内,间隙过大就不能击穿放电介质,过小则容易短路。因此,电极的进给速度 V_d 必须大于电腐蚀的速度 V_w,如图7-2-2所示。同时,电极还要频繁地靠近和离开工件,以便于排渣,而这种运动是无法用手动来控制的,故必须由伺服系统来自动控制电极的运动。

自动进给调节系统用来调节进给速度,使进给速度接近于电腐蚀速度,维持一定的放电间隙,使放电加工稳定进行,获得比较好的加工效果。

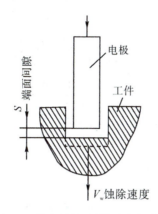

图 7-2-2 放电间隙、蚀除速度和进给速度

3. 工作液循环过滤装置

如图 7-2-3 所示,电火花成型加工用的工作液循环过滤系统包括工作液泵、容器、过滤器及管道等,使工作液强迫循环,其中(a)、(b)为冲油式,(c)、(d)为抽油式。

冲油是把经过过滤的清洁工作液经液压泵加压,强迫冲入电极与工件之间的放电间隙里,将放电蚀除的电蚀产物随同工作液一起从放电间隙中排除,以达到稳定加工。在加工时,冲油的压力可根据不同工件和几何形状及加工的深度随时改变,一般压力选在 0~200 kPa。对不通孔加工,如图 7-2-3(b)和(d)所示,从图中可看出采用冲油的方法循环比抽油更简单,特别在型腔加工中大多采用这种方式,可以改善加工的稳定性。

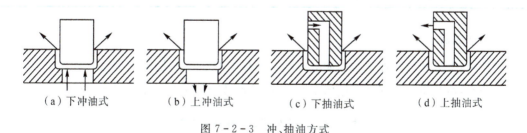

(a) 下冲油式　　　(b) 上冲油式　　　(c) 下抽油式　　　(d) 上抽油式

图 7-2-3 冲、抽油方式

图 7-2-4 为工作液循环系统油路图,它既能冲油又能抽油。其工作过程是:储油箱的工作液首先经过粗过滤器 1 单向阀 2 和吸入液压泵 3,这时高压油经过不同形式的精过滤器 7 输向机床工作液槽,溢流安全阀 5 控制系统的压力不超过 400 kPa,快速进油控制阀 10 供快速进油用,待油注满油箱时,可及时调节冲油选择阀 13,由阀 9 来控制工作液循环方式及压力,当阀 13 在冲油位置时,补油冲油都不通,这时油杯中油的压力由阀 9 控制。当阀 13 在抽油位置时,补油和抽油两路都通,这时压力工作液穿过射流抽吸管 12,利用流体速度产生负压,达到抽油

的目的。

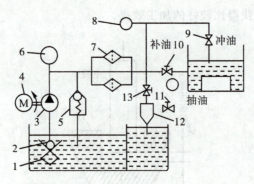

1—粗过滤器；2—单向阀；3—涡旋泵；4—电动机；5—安全阀；6—压力表；7—精过滤器；8—冲油压力表；9—压力调节阀；10—快速进油控制阀；11—抽油压力表；12—射流抽吸管；13—冲油选择阀。

图 7-2-4　工作液循环系统油路图

工作液循环过滤装置的过滤对象主要是金属粉屑和高温分解出来的炭黑，其过滤方式和特点见表 7-2-1。

表 7-2-1　过滤方式和特点

过滤方式	特点
介质过滤（木屑、黄沙、纸质、灯草芯、硅藻土、泡沫塑料等）	结构简单，造价低，但使用时间短，耗油多
离心过滤	过滤效果较好，结构复杂，清渣较困难
静电过滤	结构较复杂，一般不采用，因电压高，有安全问题，故用于小流量场合
自然沉淀过滤	适合于大流量的油箱和油池

4. 脉冲电源

(1) 作用：电火花成型加工用脉冲电源的原理及作用与电火花线切割相同。

(2) 分类：按其作用原理和所用的主要元件、脉冲波形等可分为多种类型，见表 7-2-2。

表 7-2-2　电火花加工脉冲电源类型

分类方式	样式
按主回路中主要元件种类	张弛式、电子管式、闸流管式、脉冲发电机式、晶闸管式、晶体管式、大功率集成器件式
按输出脉冲波形	矩形波、梳状波分组脉冲、三角波形、阶梯波、正弦波、高低压复合脉冲
按间隙状态对脉冲参数的影响	非独立式、独立式
按工作回路数目	单回路、多回路

按功能可分为等电压脉宽(等频率)、等电流脉宽脉冲电源,以及模拟量、数字量、微机控制、适应控制、智能化等脉冲电源。

5. 工作台与工作液箱

工作台主要用来支承和装夹工件。在实际加工中,通过转动纵向丝杠来改变电极和工件的相对位置。工作台上装有工作液箱,用来容纳工作液,使电极和工件浸泡在工作液中,起到冷却和排屑的作用。

6. 工具电极

(1)对工具电极的要求:工具电极材料必须要导电性能良好、电腐蚀困难、电极损耗小,并且具有足够的机械强度、加工稳定、效率高、材料来源丰富、价格便宜。

(2)工具电极的种类及性能特点:电火花成型加工中常用的电极材料有紫铜、石墨、黄铜、钢、铸铁等,其性能及应用特点见表7-2-3。

表7-2-3 常用电极材料的性能和特点

电极材料	性能			特点
	电加工稳定性	电极损耗	机械加工性能	
钢	较差	一般	好	应用比较广泛,模具穿孔加工时常用,电加工规范选择应注意加工稳定性,适用于"钢打钢"冷冲模加工
铸铁	一般	一般	好	制造容易,材料来源丰富,适用于复合式脉冲电源加工,对加工冷冲模最适合
紫铜	好	一般	较差	材质质地细密,适应性广,特别适用于制密花纹模的电极,但削加工较为困难
石墨	较好	较小	一般	材质抗高温,变形小,制造容易,质量轻,但材料容易脱落、掉渣,机械强度较差,易折角
黄铜	好	较大	好	制造容易,特别适宜在中小电规准情况下加工,但电极损耗太大
铜(银)钨合金	好	小	一般	价格较贵,在深长直壁、硬质合金穿孔时是理想的电极材料

(3)工具电极的制造方法:电极的制造方法应根据型孔或型腔的加工精度、电极材料和数量选择,常用的电极制造方法见表7-2-4。

表 7-2-4 常用电极制造方法

制造方法	应用特点	适用的电极材料
机械切削加工	用于型腔、穿孔电极；适合于单件或少量电极的加工，但对形状复杂的电极制造困难，周期长	所有电极材料
液电成型	用于型腔电极，需要母模，电极形状复制性好，适用于批量生产，对于深型腔需要多次成型	紫铜板
压力振动成型	用于型腔电极，需要母模，制造效率高，适合于批量生产	石墨
电镀成型	用于型腔电极，适合于形状复杂的电极，不受电极尺寸的限制，但电镀时间较长，电镀层厚度的均匀性受形状的影响，内凹面电镀层较薄，电镀层一般疏松，电极损耗率一般较大	电解铜
烧结	用于制造型腔电极，制造方法简单，但电极精度不高	石墨
精锻	用于制造型腔电极，需要母模，适合于批量生产，但精度不够高	有色金属
线切割	用于制造穿孔电极，适合于形状复杂的电极	金属材料
反拷贝加工	用于制造穿孔电极，也适用于微细异形整体电极	金属材料

7.工作液

(1)工作液的作用：电火花成型加工时，工作液的作用体现在以下几个方面。

①消电离：在脉冲间隔火花放电结束后尽快恢复放电间隙的绝缘状态，以便下一个脉冲电压再次形成火花放电。

②排除电蚀产物：使电蚀产物较易从放电间隙中悬浮、排泄出去，避免放电间隙严重污染，导致火花放电点不分散而形成有害的电弧放电。黏度、密度、表面张力愈小的工作液，此项作用愈强。

③冷却：降低工具电极和工件表面瞬时放电产生的局部高温，否则表面会因局部过热而产生结炭、烧伤并形成电弧放电。

④增加蚀除量：工作液还可压缩火花放电通道，增加通道中被压缩气体、等离子体的膨胀及爆炸力，从而抛出更多熔化和气化了的金属。

(2)对工作液的要求：要保证正常的加工，工作液应满足以下基本要求：有较高的绝缘性，有较好的流动性和渗透能力，能进入窄小的放电间隙；能冷却电极和工作表面，把电蚀产物冷凝，扩散到放电间隙之外。此外还应对人体和设备无害，安全和价格低廉。

(3)工作液的种类：电火花成型加工中常用的工作液有如下几种。

①油类有机化合物：以煤油最常见，在大功率加工时常用机械油或在煤油中加入一定比例的机械油。

②乳化液：成本低，配置简便，同时有补偿工具电极损耗的作用，且不腐蚀机车和零件。

③水:常用蒸馏水和去离子水。

(4)工作液使用要点。

①闪点尽量高的前提下,黏度要低。电极与工件之间不易产生金属或石墨颗粒对工件表面的二次放电,这样一方面能提高表面的粗糙度,另一方面能相对防止电极积炭率。

②为提高放电的均匀稳定、加工精度及加工速度,可采用工作液混粉(硅粉、铬粉等)的工艺方法。

③按照工作液的使用寿命定期更换。

④严格控制工作液高度。

⑤根据加工要求选择冲液、抽液方式,并合理设置工作液压力。

(1)凸、凹模加工间隙太大。

故障原因:机床进给端与工作台面不垂直;凹模上、下平面与机床台面不平行;电极装卡歪斜,不与凹模基准平面垂直;电规准选择不合适粗加工时工作台面发生移动;加工时,机床进给量不合适。

解决方法:重新检查或调整机床,使进给台与工作台面、电极装夹后与凹模平面必须垂直,不得歪斜;调整机床的工作台面与被加工凹模平面平行;合理地选择电规准及精加工时的机床进给量

(2)凹模孔壁发现烧伤或裂纹。

故障原因:凹模材料质量不好或选材不合适;在清角部位有烧伤,主要是直流电压太高引起的;机床电器发生故障,造成局部电弧放电;电极及凹模间出现杂质,废屑未能及时排出。

解决方法:合理地选用凹模材料或更换材质;根据加工情况,调节直流电压大小;清除电极与凹模间的杂质,并清洁工作液;电极比较大时,可以在电极上钻工艺孔,以易于排除废渣。

故障现象:孔加工时表面粗糙度值太大。

故障可能原因及处理:

(1)主轴径向间隙大,轴向窜动大 →应拆卸主轴,修磨垫片,拧紧螺母,保证其径向圆跳动误差和轴向窜动量合格。

(2)主轴与轴瓦的接触精度差 →应刮研轴瓦或更换新轴承,修复轴承配合精度。

(3)传动 V 形皮带过松或有破损现象 →应调整、紧固电动机座使 V 形皮带适当张紧或更换新 V 形皮带。

(4)电动机振动大 →应紧固电动机座或更换电动机。

1. 如何减小钼丝在丝筒两端断丝的概率?
2. 乳化油冲液后不乳化怎么办?

90后"双料"高级技师张文良

2012年9月27日,张文良获得第八届"振兴杯"全国青年职业技能竞赛工具钳工比赛冠军。1.83米的个头,身材偏瘦,略带东北口音,如果不是事先知道,难以想象这位看上去面容白皙,略带腼腆的小伙子,21岁已经站上了全国技能大赛的最高领奖台。张文良,沈阳造币有限公司90后技师,先后获得第八届"振兴杯"全国青年职业技能竞赛工具钳工第一名、第九届"振兴杯"全国青年职业技能竞赛机械设备安装工第三名的突出成绩,成为"双料"高级技师。

添加记录

读书札记

项目八　机床装调与维护

任务一　普通机床安装

知识链接

1. 机床装配工艺和注意事项

装配原则：装配是拆卸的逆顺序，装配前的准备工作重要的是清洁零件，这对以后机床运行有极其重要的关系，千万不能疏忽大意。

（1）首先要修复受损表面。

（2）不符合尺寸公差要求的零件、易损标准件、轴承等需要更换的必须更换。

（3）三箱润滑油要换新到位。

（4）冷却液箱冷却液要换新到位。

（5）轴、孔公差是过渡、过盈配合部位装配时，一定不要用力过大、过猛，以免损伤、损坏零件，要摆平、放直，最好用专用工具、夹具。

2. 装配的基本知识

1）常用检验工具和量具

（1）平尺：包括三棱检验平尺、角度平尺、平行平尺、桥形平尺等。

①三棱检验平尺，材质多采用不锈钢/铸钢/镁铝材质，少数采用铸铁材质，如图8-1-1所示。

②角度平尺，用于测量工件的直线度和平面度及导轨的检验和修理，如图8-1-2所示。

图 8-1-1　三棱检验平尺

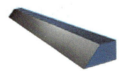
图 8-1-2　角度平尺

③平行平尺,用于机床检验中检验不平度和不直度两个工作面,配合块规、千分尺、水平仪等仪器,如图8-1-3所示。

④桥型平尺,用来测量工件的直线度和平面度的量具,如图8-1-4。

图8-1-3 平行平尺

图8-1-4 桥型平尺

(2)角尺:包括铸铁直角尺、角规等。

①铸铁直角尺,适用于机床、机械设备及零部件的垂直度检验、安装加工定位、划线等,如图8-1-5所示。

②角规用于机床导轨、工作台的精度检查,几何精度测量,精密部件的测量,导轨刮研等,如图8-1-6所示。

图8-1-5 铸铁直角尺

图8-1-6 角规

(3)垫铁是一种检验导轨精度的通用工具,主要用作水平仪及百分表架等测量工具,如图8-1-7所示。

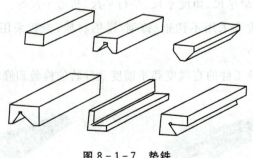
图8-1-7 垫铁

(4)检验棒如图8-1-8所示。

(a) (b)

图8-1-8 检验棒

(5)检验桥板,如图8-1-9所示。

(a)正面　　　　　　　　　　(b)背面

图8-1-9 检验桥板

2)常用检验管仪

(1)水平仪:包括光学合象仪(图8-1-10)、框式水平仪(图8-1-11)、条式水平仪(图8-1-12)等。

光学合象仪:广泛应用于测量机件表面的平面度、直线度和设备安装水平位置的正确度及测量工件的微小倾角。

框式水平仪:主要应用于检测各类机器和设备导轨的直线度及测定设备安装水平和垂直的状态。带有磁性的垂直工作面可以稳定地吸附在钢件侧面进行测量。

条式水平仪:可测量各种机床导轨的直线度。平面度及测定其他设备安装的水平位置。V形工作面还可测量圆柱体的平行度及水平安装位置的准确性。

图8-1-10 光学合象仪　　　图8-1-11 框式水平仪　　　图8-1-12 条式水平仪

(2)水平仪的读数方法(图8-1-13)。

①绝对读数法:按气泡的位置读数,唯有气泡在中间位置时,才读作0,偏向起始端为"－",偏离起始端为"＋"。

②相对读数法:将水平仪在起始端测量时的气泡位置读作0,以后根据气泡移动方向来评定被测导轨的倾斜方向。如气泡移动方向与水平仪移动方向一致为 i°＋i±,表示导轨向上倾斜;如果方向相反,则为 i°－i±,表示导轨向下倾斜。

图8-1-13 水平仪读数

3.床身导轨的作用

床身导轨的作用如图8-1-14所示。

2,6,7—溜板用导轨;3,4,5—尾座用导轨;1,8—压板用导轨。

图8-1-14 床身导轨的作用

4.床身在床脚上的就位

床身在床脚上的就位如图8-1-15所示。

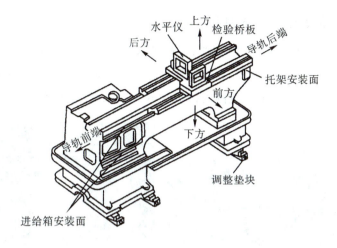

图 8-1-15 床身在床脚上的就位

床身安装后,应用水平仪测量并调整床脚下的调整垫块,以达到安装水平,如图 8-1-16 所示。

图 8-1-16 调整床脚

5.装配技术要求

图 8-1-17 装配技术要求

6. 导轨几何精度的测量与调整

(1) 溜板用导轨的直线度：在垂直平面内，全长上为 0.03 mm，在任意 500 mm 测量长度上为 0.015 mm，只许凸；在水平面内，全长上为 0.025 mm，如图 8-1-18 所示。

(2) 刮削导轨每 25×25 mm² 范围内接触点不少于 10 个，表面粗糙度一般在 $Ra1.6$ 以下。

图 8-1-18　导轨几何精度的测量与调整

以刀架下滑座的表面 2、3 为基准，配刮溜板横向燕尾导轨（图 8-1-19）表面 5、6，并满足对横丝杠 A 孔的平行度要求，其误差在全长上不大于 0.02 mm。

图 8-1-19　燕尾导轨

7. 配刮横向燕尾导轨

测量方法：在 A 孔中插入检验心轴，百分表吸附在角度平尺上，分别在心轴上母线和侧母线上测量其平行度误差，如图 8-1-20 所示。

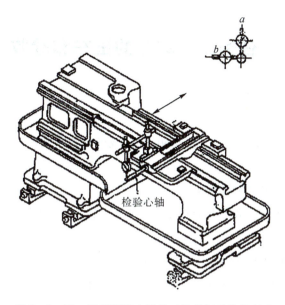

图 8-1-20 测量溜板上导轨对横丝杠孔的平行度

8. 安装丝杠、光杠

安装要求：

(1) 安装结构完整；

(2) 安装工艺过程正确；

(3) 安装后丝杠、光杠能够转动；

(4) 溜板箱能纵向移动。

丝杠、光杠安装如图 8-1-21 所示。

图 8-1-21 丝杠、光杠安装

任务二 车床的试车和验收

知识链接

（1）首先用手柄使主轴箱、挂轮箱、进给箱、光杠或丝杠连接到位。用手转动卡盘，看上述各部位转动、传递有无异常。

（2）把操作手柄定在中间（停车位）。

（3）按下启动开关，提起操作手柄，使机床传动链运转，检查各部位运转是否正常，如图 8-2-1 所示。

①挂轮架交换齿轮间的侧隙适当，固定装置可靠。

②顶尖套在尾座孔中做全长伸缩时，应滑动灵活无阻滞。

③电器设备启动、停止应安全可靠。

④各部分的润滑加油孔有明显的标记，清洁畅通。

图 8-2-1 检查各部位运转是否正常

（4）把操作手柄上、中、下来回运动看主轴正转、停车、反转是否正常。

（5）把进给箱手柄定在光杠传递方向，分别用拖板箱上纵、横自动移动手柄，查看纵、横自动走刀是否正常。

(6)把进给箱手柄定在丝杠传递方向,将拖板箱开合螺母合上,查看车削螺纹传动是否正常。

(7)在机床卡盘上装夹上铁棒料,进行车削,来检验机床主轴精度与受力情况,车削工件表面粗糙度,主轴与轨道平直度,纵、横自动走刀受力情况。

(8)空运转试验(图8-2-2)。

图8-2-2 空运转试验

(9)负荷试验(图8-2-3)。

(a)全负荷强度试验

(b)精车外圆试验

(c)振动试验

(d)精车端面试验

(e)精车螺纹试验

图 8-2-3 负荷试验

(10)精度检验(图 8-2-4)。

图 8-2-4 精度检验

任务三　车床典型故障诊断与维修

故障 1　重切削时主轴转速减低或自动停车

扫描二维码
观看拆卸轴承

诊断方法(图 8-3-1):
①检查摩擦离合器是否调整过松或离合片磨损;
②检查开关杆手柄是否接头松动,弹簧失效;
③检查摩擦离合器轴上的弹簧垫圈或锁紧螺母有无松动。

图 8-3-1 检查锁紧螺母

维修方法(图 8-3-2 和图 8-3-3)：

①调离合器；

②调整皮带。

图 8-3-2 检查摩擦离合器

图 8-3-3 检查皮带

故障 2　车外圆时工件产生圆度超差

诊断方法：

①检查主轴轴承间隙是否过大；

②检查主轴轴颈的椭圆度是否过大；

③检查主轴轴承磨损程度。

维修方法(图 8-3-4 和图 8-3-5)：

①调整主轴轴承的间隙；

②刮研轴承,修磨轴颈或更换滚动轴承。

图 8-3-4 调整后轴承间隙

图 8-3-5 调整前轴承间隙

故障 3　精车螺纹表面有波纹

诊断方法（图 8-3-6 和图 8-3-7）：
① 检查丝杠的轴向游隙是否过大；
② 检查方刀架与小滑板的接触面间接触是否不良；
③ 检查所有的滑动导轨面（指方刀架中滑板及床鞍）间是否有间隙。

图 8-3-6 检查丝杠间隙

图 8-3-7 检查刀架与滑板间隙

维修方法：
① 修理机床导轨、床鞍，使其达到要求；
② 调整丝杠的轴向间隙；
③ 调整导轨间隙及塞铁、床鞍压板等，见图 8-3-8。

图 8-3-8 调整导轨间隙

（4）修刮小滑板底面与方刀架接触面间接触良好（图8-3-9至图8-3-11）。

图8-3-9　修复刮溜板

图8-3-10　修复刮研导轨

图8-3-11　调整溜板箱

任务四　数控机床维护

数控机床维护见表8-4-1至8-4-8。

表8-4-1　数控车床的定期维护

序号	周期	检查位置	维护内容
1	每天	X、Z轴导轨	检查两导轨的润滑油量,刮屑器是否有效,清扫导轨上的切屑
2	每天	润滑系统	检查润滑泵运行情况、油池液位及油路是否畅通
3	每天	冷却系统	检查水泵运行情况,疏通过滤网,检查水位并及时补充
4	每天	电柜箱通风、散热装置	检查电气柜冷却风扇工作是否正常、风道过滤网是否堵塞,检查电柜内温度
5	每天	主轴驱动皮带	检查皮带松紧情况,确保皮带上无油,松紧适当
6	每天	液压系统	检查油泵有无异常噪声、工作油面高度是否合适、压力表指示是否正常,管路及各接头有无泄露、油温是否正常

续表

序号	周期	检查位置	维护内容
7	每月	导轨滑板间隙	检查导轨滑板间隙,调整镶条使间隙合适,检查压板紧固螺钉是否松动
8	每天	各种防护装置	导轨和机床防护罩等应无松动和漏水
9	每天	管路系统	检查液压和气压管路等连接处密封是否完好
10	每天	安全装置	检查急停按钮、限位开关及安全罩是否有效
11	每周	电气柜进气过滤网	清洗电气柜进气过滤网
12	每月	直流电动机碳刷	检查碳刷的磨损情况,如严重磨损或长度不到原来的一半,则更换
13	每月	滤油器	检查并清洗滤油器
14	半年	滚珠丝杠螺母副	清洗丝杠上旧的润滑脂,涂上新油脂
15	半年	液压油路	清洗溢流阀、减压阀、过滤器和油箱,更换过滤液压油
16	半年	主传动系统	检查主轴运动精度,必要时调整主轴预紧,检查主轴泄漏情况
17	半年	滚珠丝杠	检查滚珠丝杠螺母间隙,必要时进行补偿,检查丝杠润滑及密封装置,确保完好
18	定期	机床水平及精度检测	调整水平,修刮导轨等运动件,通过修改参数设定进行精度恢复

表8-4-2 数控铣床的定期维护

序号	周期	检查位置	维护内容
1	每天	导轨润滑站	检查油标、油量,及时添加润滑油,检查润滑油泵能否间歇定时泵油,确保油路畅通无阻
2	每天	X、Y、Z轴及各回转轴的导轨	清除切屑及脏物,检查导轨油量是否充分、刮屑器是否有效、导轨面有无划伤损坏
3	每天	压缩空气气源	检查气动控制系统压力,应在正常范围内
4	每天	气源自动分水滤气器、空气干燥器	及时清理分水器中滤出的水分,保证自动空气干燥器工作正常
5	每天	机床液压系统	(1)液压箱清洁,油量充足; (2)调整压力表系统压力,检查压力表指示是否正常、管路及各接头有无泄漏; (3)清洗油泵、滤油网,确保液压泵无异常噪声,检查面高度是否正常

续表

序号	周期	检查位置	维护内容
6	每天	主轴箱液压平衡系统	检查平衡压力指示是否正常、快速移动时平衡工作是否正常
7	每天	电气柜通风散热装置	检查电气柜冷却风扇工作是否正常、风道过滤网有无堵塞
8	每天	各种安全防护装置	导轨、机床防护罩等应无松动、漏水检查急停按钮、限位开关及返参是否正常
9	每天	主轴夹紧装置	检查主轴内锥压缩空气的吹屑效果,确保清洁,检查主轴准停装置,确保准停角度一致
10	每天	液压、气压、电压	检查液压、气压和电压是否正常
11	每周	电气柜进气过滤网	清洗电气柜进气过滤网
12	半年	滚珠丝杠螺母副	清洗丝杠上旧的润滑脂,涂上新油脂
13	半年	液压油路	清洗溢流阀、减压阀、过滤器和油箱,更换过滤液压油
14	半年	主轴润滑恒温油箱	清洗过滤器,更换润滑油
15	每年	检查、更换直流伺服电动机电刷	检查换向器表面、吹净碳粉,去除毛刺,更换长度过短的电刷,跑合后才能使用
16	每年	润滑油泵、过滤器	清理润滑油池,更换过滤器
17	不定期	导轨上镶条与压板、丝杠	调整镶条、丝杠螺母间隙
18	不定期	冷却水箱	检查液面高度,切削液太脏时需要更换,清理水箱,经常清洗过滤器
19	不定期	清理油池	及时清洗油池
30	不定期	调整主轴驱动带松紧	按机床说明书调整
21	不定期	电气系统	(1)擦拭电动机,箱外无灰尘、油垢; (2)各接触点良好,各插接件不松动、不漏电; (3)箱内整洁、无杂物
22	定期	机床水平及精度检测	调整水平,修刮导轨等运动件,通过修改参数设定进行精度恢复

表 8-4-3 加工中心的定期维护

序号	周期	检查位置	维护内容
1	每天	导轨润滑站	检查油标、油量,及时添加润滑油,检查润滑油泵能否间歇定时泵油,确保油路畅通无阻

续表

序号	周期	检查位置	维护内容
2	每天	X、Y、Z轴及各回转轴的导轨	清除切屑及脏物,检查导轨油量是否充分、刮屑器是否有效、导轨面有无划伤损坏
3	每天	压缩空气气源	检查气动控制系统压力,应在正常范围内
4	每天	机床进气口的空气干燥器	及时清理分水器中滤出的水分,保证自动空气干燥器工作正常
5	每天	主轴润滑恒温箱	检查油温、油量是否正常,确保润滑工作正常,必要时进行调节
6	每天	机床液压系统	(1)液压箱清洁,油量充足; (2)调整压力表; (3)清洗油泵、滤油网,确保液压泵无异常噪声,检查面高度是否正常、系统压力及压力表指示是否正常、管路及各接头有无泄漏
7	每天	主轴箱液压平衡系统	检查平衡压力指示是否正常、快速移动时平衡工作是否正常
8	每天	电气柜通风散热装置	检查电气柜冷却风扇工作是否正常、风道过滤网有无堵塞
9	每天	各种安全防护装置	导轨、机床防护罩等应无松动、漏水;检查急停按钮、限位开关及返参是否正常
10	每天	主轴夹紧装置	检查主轴内锥压缩空气的吹屑效果,确保清洁,检查主轴准停装置,确保准停角度一致
11	每天	液压、气压、电压	检查液压、气压和电压是否正常
12	每周	电气柜进气过滤网	清洗电气柜进气过滤网
13	半年	滚珠丝杠螺母副	清洗丝杠上旧的润滑脂,涂上新油脂
14	半年	液压油路	清洗溢流阀、减压阀、过滤器和油箱,更换过滤液压油
15	半年	主轴润滑恒温油箱	清洗过滤器,更换润滑油
16	每年	检查、更换直流伺服电动机电刷	检查换向器表面、吹净碳粉,去除毛刺,更换长度过短的电刷,跑合后才能使用
17	每年	润滑油泵、过滤器	清理润滑油池,更换过滤器
18	不定期	导轨上镶条与压板、丝杠	调整镶条、丝杠螺母间隙

续表

序号	周期	检查位置	维护内容
19	不定期	冷却水箱	检查液面高度,切削液太脏时需要更换,清理水箱,经常清洗过滤器
20	不定期	清理油池	及时清洗油池
21	不定期	排屑器	经常清理切屑,检查有无卡住
22	不定期	调整主轴驱动带松紧	按机床说明书调整
23	不定期	换刀装置	检查换刀装置动作的正确性和可靠性,调整抱刀夹紧力及间隙
24	不定期	各行程开关、接近开关	清理接近开关的污垢、检查其牢固性
25	定期	机床水平及精度检测	调整水平,修刮导轨等运动件,通过修改参数设定进行精度恢复

表 8-4-4　主传动链的维护保养内容

序号	维护保养内容
1	调整主轴驱动带的松紧程度,防止带打滑现象
2	检查主轴润滑的恒温油箱,调节温度范围,及时补充油量
3	对油箱的过滤器进行清洗
4	调整液压缸活塞的位移量,以消除主轴中刀具夹紧装置的间隙,夹紧刀具
5	填写维护日志

表 8-4-5　滚珠丝杠螺母副的维护保养内容

序号	维护保养内容
1	检查、调整丝杠螺母副的轴向间隙,保证反向传动精度和轴向刚度一致
2	检查丝杠与床身的连接是否有松动
3	丝杠防护装置有损坏时,及时对防护装置进行更换
4	填写维护日志

表 8-4-6　刀库及换刀机械手的维护保养内容

序号	维护保养内容
1	检查刀库的回零位置是否正确,并进行调整
2	检查机床主轴回换刀点位置是否到位,并进行调整
3	开机时,应使刀库和机械手空运行,检查各部分工作是否正常
4	检查刀具在机械手上锁紧是否可靠,并对其进行调整
5	填写维护日志,并检查机床各功能

表 8-4-7　刀库及换刀机械手的维护要点

序号	维护要点
1	严禁把超重、超长的刀具装入刀库,防止在机械手换刀时掉刀或刀具与工件、夹具等发生碰撞
2	顺序选刀方式必须注意刀具放置在刀库上的顺序要正确
3	用手动方式往刀库上装刀时,要确保装到位、装牢靠,并检查刀座上的锁紧是否可靠
4	经常检查刀库的回零位置是否正确,检查机床主轴回换刀点位置是否到位
5	要注意保持刀具、刀柄和刀套的清洁
6	开机时,应先使刀库和机械手空运行,检查各部分工作是否正常,特别是各行程开关和电磁阀能否正常动作

表 8-4-8　数控工作台的维护保养内容

序号	维护保养内容
1	定期给丝杠加油脂
2	检查工作台与联轴器的螺丝是否有松动
3	检查工作台运行时是否有异常的噪声和振动
4	保持工作台面的清洁

黄群:爱啃"硬骨头"的钳工"大咖"

造飞机是一项高精尖的技术活,飞机模具制造更要精益求精。在洪都航空工业集团工作的黄群,自1990年参加工作以来,在工装制造的岗位上一干就是28个年头。作为享受"国务院特殊津贴"、荣获"全国五一劳动奖章"等多项荣誉的技能人才,黄群凭着一手过硬的"錾子功夫""锉刀功夫",制造过许多大型压铸模、壳体型板、高难度金属铸模及锻造模。

15 岁从洪都高级职业技校毕业后,黄群进入洪都航空工业集团工作。28 年来,他一直保持手工打磨的习惯,记不清用坏了多少套工具,才练就今天的这一手绝活。凭借精湛的技艺,他在"技能中国行 2016 年走进江西"展示交流活动中,代表洪都航空工业集团在现场展示了手工打磨的梅花凸凹套件,其配合公差达到 0.01 mm(仅有头发丝直径的 1/6),且在任意旋转配合后仍能达到不透水、不透光,精湛的技艺让现场观众赞叹不已,更展示了航空制造的精良品质。

黄群带了许多徒弟,大部分都成了生产线上的骨干,有的已经可以独当一面,解决技术难题。黄群说他带徒弟,首先要求他们沉下心来,这也是他工作多年得来的经验。"钳工的工作并不难,熟练操作之后如果想更进一步,一定要能沉下心来,踏踏实实去干,才能提高。"黄群说。

平凡的工作也许因单调而乏味,但他却凭着强烈的事业心和责任心,成长为名副其实的工装"尖兵"、钳工"大咖"。他用精密制造打造着精品人生,用无私奉献传承着工匠绝技,用理想抱负诠释着航空情怀。

添 加 记 录

参考文献

[1] 李琦.金属切削机床结构认知与拆装[M].北京:北京理工大学出版社,2014.
[2] 成建群.机床拆装与维护[M].北京:北京理工大学出版社,2017.
[3] 杨仙.数控机床[M].北京:机械工业出版社,2012.
[4] 恽达明.金属切削机床[M].北京:机械工业出版社,2005.
[5] 吴先文.机械设备维修技术[M].北京:人民邮电出版社,2008.
[6] 孙春霞.金属切削机床原理与结构[M].北京:机械工业出版社,2015.
[7] 王爱玲.数控机床结构及应用[M].2版.北京:机械工业出版社,2013.

参考文献

[1] 汪曾祺. 金岳霖先生[M]//汪曾祺全集. 北京：北京师范大学出版社, 2014.
[2] 汪曾祺. 汪曾祺文集•散文卷[M]. 南京：江苏文艺出版社, 2012.
[3] 汪曾祺. 逝水[M]. 北京：中国青年出版社, 2012.
[4] 汪曾祺. 汪曾祺散文[M]. 北京：中国广播电视出版社, 2007.
[5] 汪朗, 汪明, 汪朝. 老头儿汪曾祺[M]. 上海：大地出版社, 2004.
[6] 苏北. 汪曾祺闲话[M]. 北京：北京时代华文书局, 2014.
[7] 陆建华. 汪曾祺的春夏秋冬[M]. 郑州：河南人民出版社, 2005.